中国森林生态服务功能评估

《中国森林生态服务功能评估》项目组　著

中国林业出版社

图书在版编目（CIP）数据

中国森林生态服务功能评估／《中国森林生态服务功能评估》项目组著. —北京：中国林业出版社，2010.3
ISBN 978-7-5038-5808-6

Ⅰ.①中... Ⅱ.①中... Ⅲ.①森林－生态系统－评价－中国 Ⅳ.①S718.55

中国版本图书馆CIP数据核字（2010）第041654号

审图号：GS（2010）472号

责任编辑：徐小英　沈登峰
封面设计：赵　芳
封面照片：贺文佩
封底照片：贺文佩

出　　版／ 中国林业出版社(100009　北京西城区刘海胡同7号)
E-mall:forestbook@163.com　电话:(010)83222880
发　　行／ 中国林业出版社
制　　版／ 北京捷艺轩彩印制版技术有限公司
印　　刷／ 北京中科印刷有限公司
版　　次／ 2010年3月第1版
印　　次／ 2010年3月第1次
开　　本／ 210mm × 285mm
印　　张／ 7.5
字　　数／ 139千字
印　　数／ 1~2000册
定　　价／ 80.00元

《中国森林生态服务功能评估》项目组

项目咨询顾问：

蒋有绪　唐守正　魏殿生　汪　绚　张守攻
刘世荣　储富祥　金　旻　杨锋伟　陈雪峰
张星耀　张　敏　杨振寅

项目首席科学家：

王　兵

项目组成员：

胡　文　鲁绍伟　魏江生　郭　浩　丁访军
任晓旭　牛　香　魏文俊　罗大庆　陈　列
尹昌君　曾凡勇　张　伟　姜　艳　俞社保
王　静　王　丹　周　梅　白秀兰　尤文忠
蔡体久　国庆喜　刘贤德　周　薇　乔　磊
魏　龙　张伟强

特别提示

本次评估是依据以下条件完成的：

1.国家林业局第七次全国森林资源清查成果(2004～2008)；

2.中国森林生态系统定位研究网络(CFERN)的长期连续定位观测数据；

3.中华人民共和国林业行业标准《森林生态系统服务功能评估规范》(LY/T 1721—2008)；

4.中华人民共和国林业行业标准《森林生态系统定位观测指标体系》(LY/T 1606—2003)；

5.本次评估仅限于对中国森林生态系统的涵养水源、保育土壤、固碳释氧、积累营养物质、净化大气环境、生物多样性保护等6项生态服务功能的评估，不涉及湿地、荒漠等其他生态系统类型。

凡是不符合上述条件的其他评估结果均不宜与本次评估结果简单类比。

前 言

森林是人类繁衍生息的根基，是人类可持续发展的保障。在严重的生态危机面前，人类已经开始警醒，深刻认识到森林的重要地位和关键作用，并开始采取行动，促进发展与保护的统一，追求经济、社会、生态、文化的协同发展。为充分发挥林业在可持续发展中的重要作用，党中央、国务院赋予了林业部门建设和保护森林生态系统、保护和恢复湿地生态系统、改善和治理荒漠生态系统、维护和发展生物多样性的重要职责。

近年来，林业改革发展取得了举世瞩目的成就，生态建设取得重要进展，国家重点生态工程顺利实施，生态功能显著提升，为国民经济和社会发展作出了重大贡献。当前，我国正处在工业化的关键时期，经济持续增长对资源、环境造成很大的压力，如何解决好生产发展与生态建设保护的关系，是摆在我们面前的一项重大课题。大力发展林业事业，充分发挥森林等生态系统的多种功能，成为推进经济社会可持续发展的重要保障。

森林生态系统服务功能是指森林生态系统与生态过程所形成及所维持的人类赖以生存的自然环境条件与效用。科学、量化、客观地评估森林的生态服务功能，对宣传林业在经济社会发展中的地位与作用，反映林业建设成就，服务宏观决策提供量化科学依据等具有重要的现实意义。

从“八五”开始，国家林业局在原有工作基础上，积极部署长期定位观测工作。 通过建立覆盖主要生态类型区的中国森林生态系统定位研究网络(英文简称CFERN)，对森林的生态功能进行长期定位观测和研究， 取得了大量数据， 并在功能评估等关键技术上取得了重要进展。借助CFERN平台，2006年，启动“中国森林生态质量状态评估与报告技术”(编号：2006BAD03A0702)“十一五”科技支撑计划； 2007年，启动“中国森林生态系统服务功能定位观测与评估技术”(编号：200704005)国家林业公益性行业科研专项计划，组织开展森林生态服务功能研究与评估测算工作； 2008年，项目组参考国际上有关指标体系，结合国情、林情，制订了《森林生态系统服务功能评估规范(LY/T 1721—2008)》，并对“九五”、“十五”期间全国森林生态系统涵养水源、固碳释氧等主要生态服务功能的物质量进行了较为系统、全面的测算，为进一步科学评估森林生态系统的价值量奠定了数据基础。

森林资源清查是获得全国森林资源面积、结构及其变化情况最科学、最成熟的方法。开展森林资源清查，及时掌握全国森林资源的现状和变化，科学、合理评估森林生态服务功能，客观反映森林的多功能效益，对于确立森林的生态主体地位，建立健全生态效益补偿机制，推进森林资源保育，促进区域可持续发展具有十分重要的意义。本报告中，项目组依托现有技术成果，结合第七次全国森林资源清查数据，综合运用生态学、水土保持学、经济学等理论方法，以遥感、地理信息系统、过程机理模型等为工具，采用分布式测算方法与NPP实测法，由点上剖析推至面上分析，从物质量和价值量两个方面对全国森林的生态服务功能进行了评估。本报告在选定的指标体系范畴内，采用国家林业局资源司提供的第七次森林资源清查Ⅰ类数据，对中华人民共和国范围内森林生态系统的主要生态服务功能进行了评估，不涉及林木资源价值、林副产品和林地自身价值。

2009年11月17日，在国务院新闻办举行的第七次全国森林资源清查新闻发布会上，国家林业局贾治邦局长公布了我国森林生态系统服务功能的评估结果。根据评估结果，全国森林每年涵养水源量近5000亿m^3，相当于12个三峡水库的库容量；每年固持土壤量70亿t，相当于全国每平方公里平均减少了730t的土壤流失；6项森林生态服务功能价值量合计每年超过10万亿元，相当于全国GDP总量的1/3。评估结果更加全面地反映了森林的多种功能和效益。这项成果首次对外发布，是森林资源清查理论和实践上的重大突破，将对提高人们的生态文明意识，保护森林和湿地，维护生物多样性，保护地球这一人类共有的家园产生积极的影响和作用，为构建林业三大体系、促进现代林业发展提供了科学依据。

中国森林生态服务功能的评估工作涉及的学科面广，问题复杂，具有一定的不确定性，许多工作尚待完善。我们诚恳希望广大读者关心这项工作并提供宝贵的建设性意见。

《中国森林生态服务功能评估》项目组

2009年12月

目　　录

第一章
目的与意义

目前，水土流失、土地荒漠化、湿地退化、生物多样性减少等问题依然较为严重，林业在维护国土生态安全中的重要作用尚未充分发挥出来。客观、动态、科学地评估森林的生态服务功能对于加深人们的环境意识，促进加强林业建设在国民经济中的主导地位，提高森林经营管理水平，加快将环境纳入国民经济核算体系及正确处理社会经济发展与生态环境保护之间的关系具有重要的现实意义。

我国自20世纪80年代初开始进行森林生态系统服务功能评估工作，并对森林生态系统服务功能的价值研究做了很多有益的探索。但要科学地评估森林生态系统服务功能，指导我国生态环境建设，尚存在一些亟待解决的问题：

（1）森林生态系统服务功能机制研究缺乏。大多数生态系统服务功能评估没有对生态系统结构、生态过程与服务功能的关系进行深入分析，生态系统服务功能及其价值评估缺乏可靠的生态学基础。

（2）评估理论与评估方法有待完善。目前大多直接利用国外的定价或方法，与我国社会经济现状脱节，评估结果可信度较低，难以取得学术界、管理决策部门和公众的认同，也很难为管理与决策部门所应用。

（3）生态学研究与经济学研究未能有机融合。一方面导致国家生态环境建设缺乏生态经济学的理论支持，同时使得生态系统服务功能评估结果难以纳入社会经济发展综合决策之中。

（4）缺乏统一的评价方法和指标体系。不同方法计算的数值差异太大，使用的指标体系不尽相同，其核算结果没有可比性。此外，有关生态系统服务功能评估应用领域和应用方法的研究有待进一步深入。

本报告基于第七次全国森林资源清查获得的数据，辅以全国各森林生态系统定位研究站长期连续观测数据集，结合对不同区域、不同植被类型生态系统结构、生态过程与服务功能的科研成果，对全国森林的生态服务功能进行了评估。本评估借鉴了国内外该领域的最新研究成果，为森林生态系统服务功能评估奠定了较为可靠的生态学基础;对确定森林在生态环境建设中的主体地位和作用,完善森林生态环境动态评估、监测和预警体系,为我国和全球的生态环境建设、森林可持续利用和经济的可持续发展提供了一定的科学依据;评估结果能够描述当前我国森林资源的真实状况,是制定"三大体系"构建目标的基础资料。通过生态服务功能观测与评估,可以获得我国森林资源生态服务功能总体状况的动态数据,是了解"三大体系"构建效果较为有效的途径。

中国政府高度重视生态建设和生态服务功能评估,在强化区域生态评估、生态规划、生态管理和生态工程研究等方面做出了巨大努力,把生态建设提高到了前所未有的高度,公众的生态环境保护意识逐渐提高,生态环境质量得到了全面改善,森林覆盖率有了较大提高。本报告从涵养水源、保育土壤、固碳释氧、积累营养物质、净化大气环境和生物多样性保护等6个方面评估了中国森林的生态服务功能,是一项符合我国实际和反映生态建设成果的工作,不仅是对我国森林生态建设工作的促进,也是检验我国生态建设成绩较为有效的方法。

森林生态系统定位研究站(以下简称森林生态站)是通过在典型森林地段,建立长期观测点与观测样地,对森林生态系统的组成、结构、生物生产力、养分循环、水循环和能量利用等在自然状态下或某些人为活动干扰下的动态变化格局与过程进行长期定位观测,阐明生态系统发生、发展、演替的内在机制和自身的动态平衡,以及参与生物地球化学循环过程的长期定位观测点。

分布于全国典型森林植被区的若干森林生态站组成中国森林生态系统定位研究网络(China Forest Ecosystem Research Network,英文简称CFERN,中文简称森林生态站网)。CFERN目前共包括34个森林生态站。

第二章

森林生态服务功能评估方法

本报告中森林的生态服务功能评估采用森林生态系统服务功能评估的理论和方法，以全国森林资源连续清查成果和森林生态系统定位研究站的长期观测数据集为基础，以中华人民共和国林业行业标准《森林生态系统服务功能评估规范》(LY/T 1721—2008)为依据，综合运用生态学、水土保持学、经济学等理论方法，以遥感、地理信息系统、过程机理模型等为工具，采用分布式计算方法与NPP实测法，由点上剖析推至面上分析，从物质量和价值量两个方面对全国森林的生态服务功能进行了评估。

2006年以来，国家林业局开始着手森林生态系统服务功能评估标准制定工作，于2008年3月颁布出版了《森林生态系统服务功能评估规范》(LY/T 1721—2008)。该规范明确了中国森林生态系统服务功能评估的数据源、指标体系、评估方法等工作流程，规范了当前缺乏统一标准的森林生态系统服务功能评估工作，理论上科学、方法上可行、社会可接受。

物质量评估主要是对生态系统提供的服务的物质数量进行评估，即根据不同区域、不同生态系统的结构、功能和过程，从生态系统服务功能机制出发，利用适宜的定量方法确定生产的服务的物质数量。

物质量评估的特点是评估结果比较直观，能够较客观地反映生态系统的生态过程，进而反映生态系统的可持续性。但是，由于运用物质量评估方法得出的各单项生态系统服务的量纲不同，因而无法进行加总，不能评估某一生态系统的综合生态系统服务。

价值量评估主要是利用一些经济学方法对生态系统提供的服务进行评估。

价值量评估的特点是评估结果为货币量，既能将不同生态系统与一项生态系统服务进行比较，也能将某一生态系统的各单项服务综合起来。运用价值量评估方法得出的货币结果能引起人们对区域生态系统服务的足够重视，其评价研究能促进环境核算，将其纳入国民经济核算体系，最终实现绿色GDP，从而促进可持续发展。

一、指标选取原则

(1) 代表性原则：森林生态系统服务功能的组成因子众多，各因子之间相互作用、构成一个复杂的综合体。指标体系不可能包括所有因子，只能从中选择最具有代表性、最能反映服务功能本质特征的指标。

(2) 全面性原则：森林生态系统服务功能是一个自然—社会—生态因素组成的复合系统，因此选取指标要尽可能地反映服务功能各个方面的特征。

(3) 简明性原则：指标选取以能说明问题为目的，选择针对性强的指标，指标繁多反而容易顾此失彼，重点不突出。因此评估指标应尽可能控制在适度范围内，评估方法尽可能简单。

(4) 可操作性原则：指标的定量化数据要易于获得和更新，指标选择可以有一定的超前性，但应尽可能选择现有仪器设备可以观测的指标。虽然有些指标对森林生态系统服务功能有极佳的表征作用，但数据缺失或不全，就无法进行计算和纳入评估指标体系。因此，选择指标必须实用可行，可操作性强。

(5) 适应性原则：指标选择应尽可能涵盖全国的普遍问题，易于推广应用。从空间尺度上讲，选择的指标应具有广泛的空间适用性，对不同省、市、县等不同区域而言，都能运用所选择的指标对该区域的森林生态系统服务功能做出客观的评估。

二、数据来源

本报告采用的数据主要有三个来源：

一是全国50个森林生态站及其286个辅助观测点积累的，依据中华人民共和国林业行业标准《森林生态系统定位观测指标体系》(LY/T 1606—2003)开展的长期连续定位观测研究数据集；

二是国家林业局第七次全国森林资源清查(2004～2008)数据；

三是我国权威机构公布的社会公共数据。

国家林业局于2003年8月颁布出版了《森林生态系统定位观测指标体系》(LY/T 1606—2003)。该标准规定了森林生态系统定位观测指标，即气象常规指标、森林土壤的理化指标、森林生态系统的健康与可持续发展指标、森林水文指标和森林的群落学特征指标。适用于全国范围内森林生态系统长期定位连续观测。

本报告共采用权威部门公布的15个类别的社会公共数据，主要来源于《中国水利年鉴》（1993～1999）、农业部《中国农业信息网》（http://www.agri.gov.cn/）、卫生部网站（http://www.moh.gov.cn/）、国家发展与改革委员会等四部委2003年第31号令《排污费征收标准及计算方法》等。

三、指标体系

中华人民共和国林业行业标准《森林生态系统服务功能评估规范》（LY/T 1721—2008）规定了涵养水源、保育土壤、固碳释氧、积累营养物质、净化大气环境、森林防护、生物多样性保护和森林游憩等8项功能14个指标。由于森林防护、降低噪音和森林游憩等指标计算方法尚未成熟，因此本报告未涉及森林防护、降低噪音和森林游憩的功能和价值评估。基于同样原因，在吸收污染物指标中不涉及吸收重金属的功能和价值评估。

本报告的中国森林生态系统服务功能评估指标体系包括涵养水源、保育土壤、固碳释氧、积累营养物质、净化大气环境和生物多样性保护等6项功能11个指标，如图2-1。

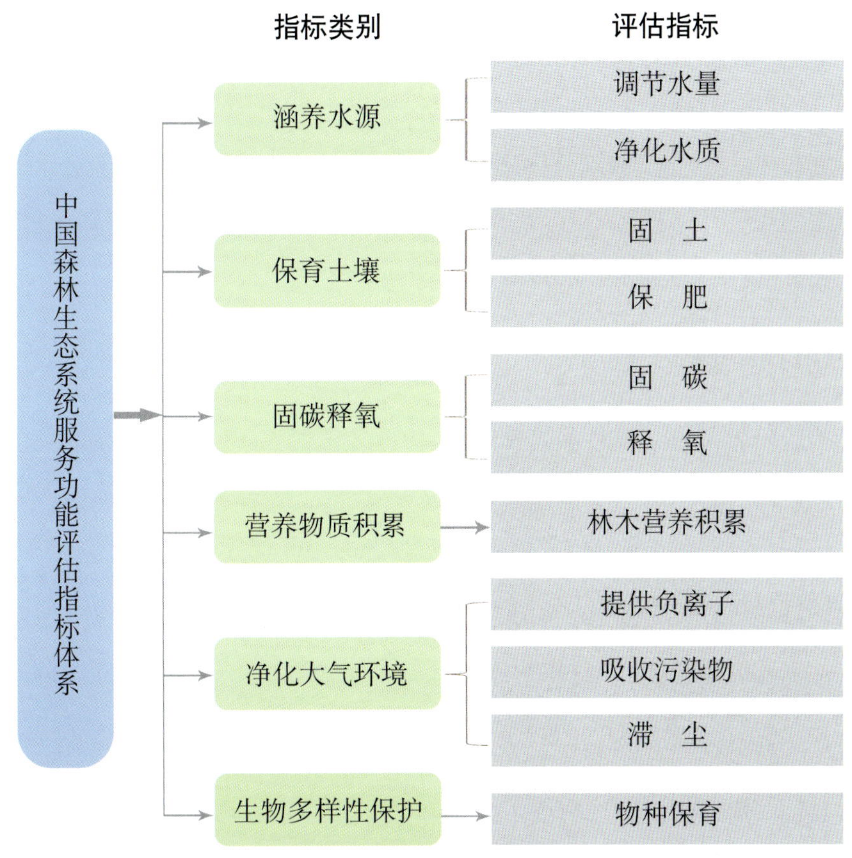

图2-1　森林生态系统服务功能评估指标体系

四、分布式测算方法

分布式测算方法是目前评估中国森林生态系统服务功能时所采用的较为科学有效的方法。它以中国森林生态系统定位研究网络（CFERN）建立的符合中国森林生态系统特点的《森林生态系统定位观测指标体系》（LY/T 1606—2003）为依据，依托全国森林生态站的实测样地，以省（自治区、直辖市）为测算单元，区分不同林分类型、不同林龄组、不同立地条件，按照《森林生态系统服务功能评估规范》（LY/T 1721—2008）对全国46个优势树种林分类型（此外还包括经济林、竹林、灌木林）进行了大规模生态数据野外实地观测，建立了全国森林生态站长期定位连续观测数据集。并与第七次全国森林资源连续清查数据相耦合，评估中国森林生态系统服务功能。

分布式测算方法源于计算机科学，是研究如何把一项整体复杂的问题分割成相对独立运算的单元，然后把这些单元分配给多个计算机进行处理，最后把这些计算结果综合起来，统一合并得出结论的一种科学计算方法。

中国森林生态系统服务功能的测算是一项非常庞大、复杂的系统工程，很适合划分成多个均质化的生态测算单元开展评估。基于分布式测算方法评估中国森林生态系统服务功能的具体思路为(图2–2)：首先将全国（港、澳、台除外）按省级行政区划分为31个一级测算单元，每个一级测算单元又按林分类型划分成49个二级测算单元[本报告中的林分类型是指《国家森林资源连续清查技术规定》的46种乔木林优势树种（组）、经济林、竹林和灌木林]，每个二级测算单元再按林龄组划分为幼龄林、中龄林、近熟林、成熟林、过熟林5个三级测算单元，再结合不同立地条件的对比观测，最终确定了7020个相对均质化的生态服务功能评估单元。

在中国森林生态系统定位研究网络（CFERN）分布格局内，将生态服务功能评估单元观测任务分配给所属的森林生态站、辅助观测点以及补充观测点，区分不同林分类型、不同林龄组、不同立地条件，按照《森林生态系统定位观测指标体系》（LY/T 1606—2003）进行固定植被样地观测、气象观测、水文观测、土壤观测等，获取生态系统尺度的生态服务功能实测数据。

基于生态系统尺度的生态服务功能定位实测数据，运用遥感反演、过程机理模型等先进技术手段，进行由点到面的数据尺度转换，将点上实测数据转换至面上测算数据，即可得到各生态服务功能评估单元的测算数据。①利用改造的过程机理模型IBIS（集成生物圈模型），输入森林生态站各样点的植物功能型类型、林分类型LAI、植被类型、土壤质地、土壤养分含量、凋落物储量、以及气温、大气相对湿度、云量、风速、各种植物生理参数等，依据中国植被图或遥感信息，推算各生态服务功能评估单元的涵养水源生态功能数据、保育土壤生态功能数据和固碳释氧生态功能数据。②结合森林生态站长期定位观测的环境数据和省级、全国Ⅰ、Ⅱ类森林资源连续清查数据(蓄积量、树种组成、年龄等),通过筛选获得基于遥感数据反演的统计模型,推算各生态服务功能评估单元的林木营养积累生态功能数据和净化大气环境生态功能数据。

将各生态服务功能评估单元的测算数据逐级累加,即可得到中国森林生态系统服务功能的最终评估结果。

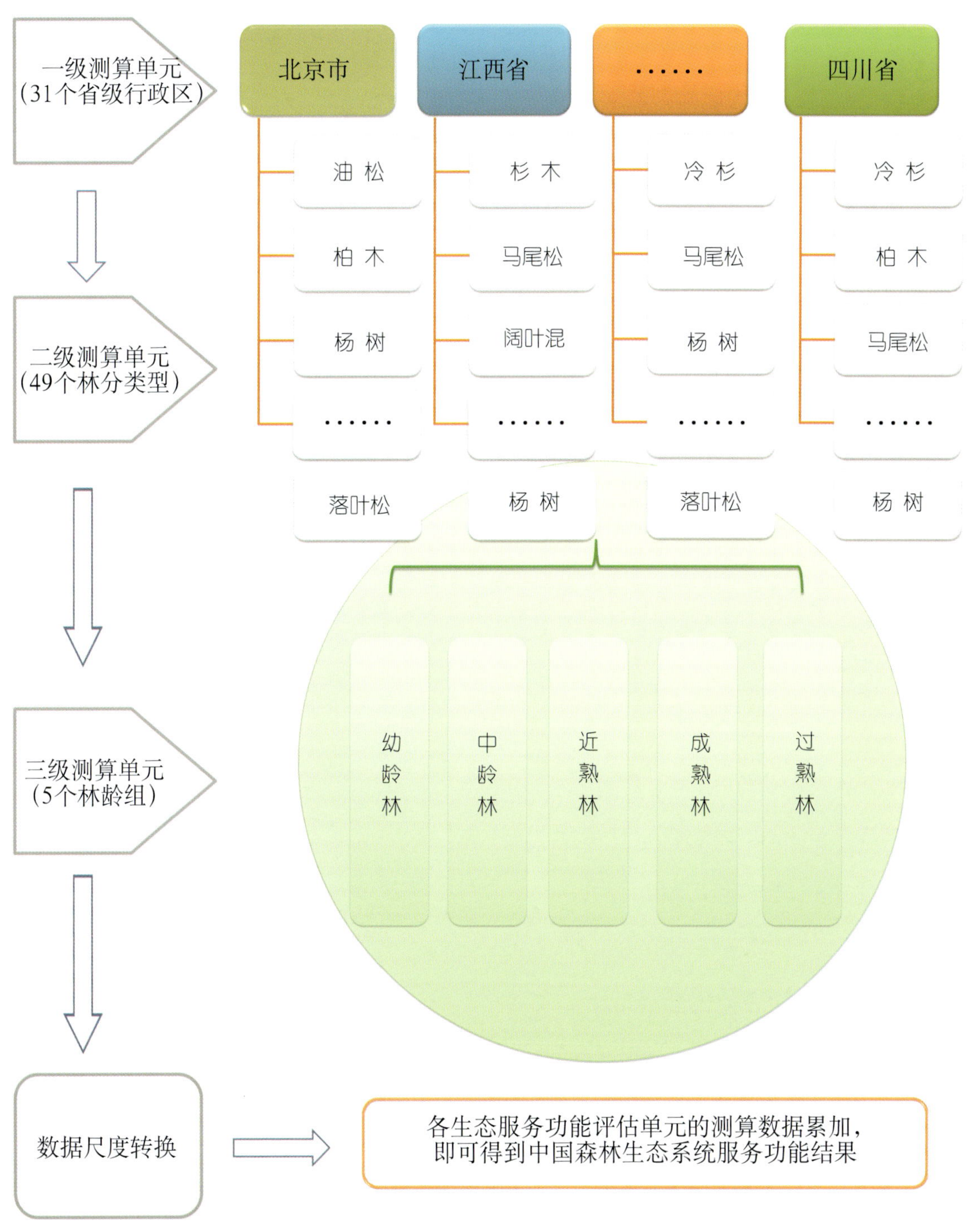

图2-2　中国森林生态系统服务功能评估分布式测算方法

五、指标涵义和计算公式

（一）涵养水源功能

森林涵养水源功能主要是指森林对降水的截留、吸收和贮存，将地表水转为地表径流或地下水的作用。主要功能表现在增加可利用水资源、净化水质和调节径流三个方面。因此本报告选用2个指标，即调节水量指标和净化水质指标，以反映森林的涵养水源功能。

1. 调节水量指标

（1）年调节水量

森林生态系统年调节水量公式为：

$$G_{调}=10A(P-E-C) \quad\cdots\cdots(1)$$

式中：$G_{调}$ —— 林分年调节水量(m^3/a)；

P —— 林外降水量(mm/a)；

E —— 林分蒸散量(mm/a)；

C —— 地表径流量(mm/a)；

A —— 林分面积(hm^2)。

（2）年调节水量价值

森林生态系统年调节水量价值根据水库工程的蓄水成本(替代工程法)来确定，采用如下公式计算：

$$U_{调}=10C_{库}A(P-E-C) \quad\cdots\cdots(2)$$

式中：$U_{调}$ —— 林分年调节水量价值(元/a)；

$C_{库}$ —— 水库库容造价(元/m^3)；

P —— 林外降水量(mm/a)；

E —— 林分蒸散量(mm/a)；

C —— 地表径流量(mm/a)；

A —— 林分面积(hm^2)。

2. 净化水质指标

（1）年净化水量

森林生态系统年净化水量采用年调节水量的公式为：

$$G_{调}=10A(P-E-C) \quad \cdots\cdots(3)$$

式中：$G_{调}$ —— 林分年调节水量(m^3/a)；

P —— 林外降水量(mm/a)；

E —— 林分蒸散量(mm/a)；

C —— 地表径流量(mm/a)；

A —— 林分面积(hm^2)。

（2）年净化水质价值

森林生态系统年净化水质价值根据净化水质工程的成本（替代工程法）计算，公式为：

$$U_{水质}=10KA(P-E-C) \quad \cdots\cdots(4)$$

式中：$U_{水质}$ —— 林分年净化水质价值(元/a)；

$K_{水}$ —— 水的净化费用(元/t)；

P —— 林外降水量(mm/a)；

E —— 林分蒸散量(mm/a)；

C —— 地表径流量(mm/a)；

A —— 林分面积(hm^2)。

（二）保育土壤功能

森林凭借庞大的树冠、深厚的枯枝落叶层及强壮且成网络的根系截留大气降水，减少或免遭雨滴对土壤表层的直接冲击，有效地固持土体，降低了地表径流对土壤的冲蚀，使土壤流失量大大降低。而且森林的生长发育及其代谢产物不断对土壤产生物理及化学影响，参与土体内部的能量转换与物质循环，使土壤肥力提高，森林是土壤养分的主要来源之一。为此，本报告选用2个指标，即固土指标和保肥指标，以反映森林保育土壤功能。

1．固土指标

（1）年固土量

林分年固土量公式为：

$$G_{固土}=A(X_2-X_1) \quad \cdots\cdots(5)$$

式中：$G_{固土}$ —— 林分年固土量(t/a)；

X_1 —— 有林地土壤侵蚀模数[$t/(hm^2\cdot a)$]；

X_2 —— 无林地土壤侵蚀模数[$t/(hm^2\cdot a)$]；

A —— 林分面积(hm^2)。

（2）年固土价值

由于土壤侵蚀流失的泥沙淤积于水库中，减少了水库蓄积水的体积，因此本报告根据蓄水成本（替代工程法）计算林分年固土价值，公式为：

$$U_{固土}=AC_{土}(X_2-X_1)/\rho \quad \cdots\cdots(6)$$

式中：$U_{固土}$ —— 林分年固土价值(元/a)；

X_1 —— 有林地土壤侵蚀模数[t/(hm²·a)]；

X_2 —— 无林地土壤侵蚀模数[t/(hm²·a)]；

$C_{土}$ —— 挖取和运输单位体积土方所需费用(元/m³)；

ρ —— 林地土壤容重(t/m³)；

A —— 林分面积(hm²)。

2．保肥指标

（1）年保肥量

$$G_N=AN(X_2-X_1) \quad \cdots\cdots(7)$$

$$G_P=AP(X_2-X_1) \quad \cdots\cdots(8)$$

$$G_K=AK(X_2-X_1) \quad \cdots\cdots(9)$$

式中：G_N —— 森林固持土壤而减少的氮流失量(t/a)；

G_P —— 森林固持土壤而减少的磷流失量(t/a)；

G_K —— 森林固持土壤而减少的钾流失量(t/a)；

X_1 —— 有林地土壤侵蚀模数[t/(hm²·a)]；

X_2 —— 无林地土壤侵蚀模数[t/(hm²·a)]；

N —— 土壤含氮量(%)；

P —— 土壤含磷量(%)；

K —— 土壤含钾量(%)；

A —— 林分面积(hm²)。

（2）年保肥价值

年固土量中N、P、K的数量换算成化肥的价值即为林分年保肥价值。本报告的林分年保肥价值以年固土量中N、P、K的数量折合成磷酸二铵化肥和氯化钾化肥的价值来体现，公式为：

$$U_{肥}=A(X_2-X_1)(NC_1/R_1+PC_1/R_2+KC_2/R_3+MC_3) \qquad \cdots\cdots\cdots\cdots(10)$$

式中：$U_{肥}$ ——林分年保肥价值(元/a)；

X_1 —— 有林地土壤侵蚀模数[t/(hm²·a)]；

X_2 —— 无林地土壤侵蚀模数[t/(hm²·a)]；

N —— 森林土壤平均含氮量(%)；

P —— 森林土壤平均含磷量(%)；

K —— 森林土壤平均含钾量(%)；

M —— 森林土壤有机质含量(%)；

R_1 —— 磷酸二铵化肥含氮量(%)；

R_2 —— 磷酸二铵化肥含磷量(%)；

R_3 —— 氯化钾化肥含钾量(%)；

C_1 —— 磷酸二铵化肥价格(元/t)；

C_2 —— 氯化钾化肥价格(元/t)；

C_3 —— 有机质价格(元/t)；

A —— 林分面积(hm²)。

（三）固碳释氧功能

森林与大气的物质交换主要是CO_2与O_2的交换，即森林固定并减少大气中的CO_2和提高并增加大气中的O_2，这对维持大气中的CO_2和O_2动态平衡、减少温室效应以及为人类提供生存的基础都有巨大和不可替代的作用。为此本报告选用固碳、释氧2个指标反映森林固碳释氧功能。根据光合作用化学反应式，森林植被每积累1.0g干物质，可以吸收1.63g CO_2，释放1.19g O_2。

1. 固碳指标

(1) 植被和土壤年固碳量

$$G_{碳}=A(1.63R_{碳}B_{年}+F_{土壤碳}) \qquad \cdots\cdots\cdots\cdots\cdots\cdots\cdots\cdots(11)$$

式中：$G_{碳}$ —— 年固碳量(t/a)；

$B_{年}$ —— 林分净生产力[t/(hm²·a)]；

$F_{土壤碳}$ —— 单位面积林分土壤年固碳量[t/(hm²·a)]；

$R_{碳}$ —— CO_2中碳的含量，为27.27%；

A —— 林分面积(hm²)。

公式(11)得出森林的潜在年固碳量，再从其中减去由于森林采伐造成的生物量移出从而损失的碳量，即为森林的实际年固碳量。

(2) 年固碳价值

森林植被和土壤年固碳价值的计算公式为：

$$U_{碳}=A\,C_{碳}\,(1.63R_{碳}B_{年}+F_{土壤碳}) \qquad (12)$$

式中：$U_{碳}$ —— 林分年固碳价值(元/a)；

$B_{年}$ —— 林分净生产力(t/(hm²·a)；

$F_{土壤碳}$ —— 单位面积森林土壤年固碳量[t/(hm²·a)]；

$C_{碳}$ —— 固碳价格(元/t)；

$R_{碳}$ —— CO_2中碳的含量，为27.27%；

A —— 林分面积(hm²)。

公式(12)得出森林的潜在年固碳价值，再从其中减去由于森林年采伐消耗量造成的碳损失，即为森林的实际年固碳价值。

2. 释氧指标

(1) 年释氧量

年释氧量的计算公式为：

$$G_{氧}=1.19A\,B_{年} \qquad (13)$$

式中：$G_{氧}$ —— 林分年释氧量(t/a)；

$B_{年}$ —— 林分净生产力[t/(hm²·a)]；

A —— 林分面积(hm²)。

(2) 年释氧价值

年释氧价值采用以下公式计算：

$$U_{氧}=1.19C_{氧}A\,B_{年} \qquad (14)$$

式中：$U_{氧}$ —— 林分年释氧价值(元/a)；

$B_{年}$ —— 林分净生产力[t/(hm²·a)]；

$C_{氧}$ —— 氧气价格(元/t)；

A —— 林分面积(hm²)。

（四）积累营养物质功能

森林在生长过程中不断从周围环境吸收营养物质，固定在植物体中，成为全球生物化学循环不可缺少的环节，为此选用林木营养积累指标反映森林积累营养物质功能。

1．林木营养年积累量

$$G_{氮}=A\,N_{营养}B_{年} \tag{15}$$

$$G_{磷}=A\,P_{营养}B_{年} \tag{16}$$

$$G_{钾}=A\,K_{营养}B_{年} \tag{17}$$

式中：$G_{氮}$ —— 林分固氮量(t/a)；

$G_{磷}$ —— 林分固磷量(t/a)；

$G_{钾}$ —— 林分固钾量(t/a)；

$N_{营养}$ —— 林木氮元素含量(%)；

$P_{营养}$ —— 林木磷元素含量(%)；

$K_{营养}$ —— 林木钾元素含量(%)；

$B_{年}$ —— 林分净生产力[t/(hm²·a)]；

A —— 林分面积(hm²)。

2．林木营养年积累价值

采用把营养物质折合成磷酸二铵化肥和氯化钾化肥的方法计算林木营养年积累价值，公式为：

$$U_{营养}=A\,B_{年}(N_{营养}C_1/R_1+P_{营养}C_1/R_2+K_{营养}C_2/R_3) \tag{18}$$

式中：$U_{营养}$ —— 林分营养物质年积累价值(元/a)；

$N_{营养}$ —— 林木含氮量(%)；

$P_{营养}$ —— 林木含磷量(%)；

$K_{营养}$ —— 林木含钾量(%)；

R_1 —— 磷酸二铵含氮量(%)；

R_2 —— 磷酸二铵含磷量(%)；

R_3 —— 氯化钾含钾量(%)；

C_1 —— 磷酸二铵化肥价格(元/t)；

C_2 —— 氯化钾化肥价格(元/t)；

$B_{年}$ —— 林分净生产力[t/(hm²·a)]；

A —— 林分面积(hm^2)。

（五）净化大气环境功能

大气中的有害物质主要包括二氧化硫、氟化物、氮氧化物等有害气体和粉尘，这些有害气体在空气中的过量积聚会导致人体呼吸系统疾病、中毒、形成光化学雾和酸雨，损害人体健康与环境。森林能有效吸收这些有害气体并阻滞粉尘，还能释放氧气与萜烯物，从而起到净化大气的作用。为此，本报告选取提供负离子、吸收污染物和滞尘3个指标反映森林净化大气环境能力。由于降低噪音指标计算方法尚不成熟，所以本报告中不涉及降低噪音指标。

1. 提供负离子指标

（1）年提供负离子量

$$G_{负离子}=5.256\times10^{15}\times Q_{负离子}A\,H/L \qquad \cdots\cdots(19)$$

式中：$G_{负离子}$ —— 林分年提供负离子个数(个/a)；

$Q_{负离子}$ —— 林分负离子浓度(个/cm^3)；

H —— 林分高度(m)；

L —— 负离子寿命(min)；

A —— 林分面积(hm^2)。

（2）年提供负离子价值

国内外研究证明，当空气中负离子达到 600个/cm^3以上时，才能有益人体健康，所以林分年提供负离子价值采用如下公式计算：

$$U_{负离子}=5.256\times10^{15}\times A\,H\,K_{负离子}(Q_{负离子}-600)/L \qquad \cdots\cdots(20)$$

式中：$U_{负离子}$ —— 林分年提供负离子价值(元/a)；

$K_{负离子}$ —— 负离子生产费用(元/个)；

$Q_{负离子}$ —— 林分负离子浓度(个/cm^3)；

L —— 负离子寿命(min)；

H —— 林分高度(m)；

A —— 林分面积(hm^2)。

空气负离子是带负电荷的单个气体分子和轻离子团的总称，其分子式为O_2^- $(H_2O)_n$，或$OH^-(H_2O)_n$，或CO_4^- $(H_2O)_2$，由于氧分子比CO_2分子等更具有亲电性，因此空气负离子主要是由负氧离子组成。

负离子是一种无色、无味的物质，在不同的环境下存在的“寿命”也不同。在洁净空气中，负离子的寿命由几分钟到20多分钟，而在灰尘多的环境中仅有几秒钟。被吸入人体后的负离子能调节神经中枢的兴奋状态，改善肺的换气功能，改善血液循环，促进新陈代谢、增加免疫系统能力、使人精神振奋、提高工作效率等等。它还对高血压、气喘、流感、失眠、关节炎等许多疾病有一定的治疗作用，所以人们称负离子为“空气中的维生素”。

在有森林和各种绿地的地方，空气负离子浓度会大大提高。这是因为森林多生长在山区，山地岩石中含放射性物质较多，森林的树冠、枝叶的尖端放电以及光合作用过程的光电效应均会促进空气电解，产生大量的空气负离子。

2. 吸收污染物指标

二氧化硫、氟化物和氮氧化物是大气污染物的主要物质，因此本报告选取森林吸收二氧化硫、氟化物和氮氧化物3个指标评估森林吸收污染物的能力。森林对二氧化硫、氟化物和氮氧化物的吸收，可使用面积－吸收能力法、阈值法、叶干质量估算法等，本报告采用面积—吸收能力法评估森林吸收污染物的总量和价值。

（1）吸收二氧化硫

① 年吸收二氧化硫量

$$G_{二氧化硫}=Q_{二氧化硫}A \quad \cdots\cdots(21)$$

式中：$G_{二氧化硫}$ —— 林分年吸收二氧化硫量(t/a)；

$Q_{二氧化硫}$ —— 单位面积林分年吸收二氧化硫量[kg/(hm^2·a)]；

A —— 林分面积(hm^2)。

② 年吸收二氧化硫价值

$$U_{二氧化硫}=K_{二氧化硫}Q_{二氧化硫}A \quad \cdots\cdots(22)$$

式中：$U_{二氧化硫}$ —— 林分年吸收二氧化硫价值(元/a)；

$K_{二氧化硫}$ —— 二氧化硫的治理费用(元/kg)；

$Q_{二氧化硫}$ —— 单位面积林分年吸收二氧化硫量[kg/(hm^2·a)]；

A —— 林分面积(hm^2)。

（2）吸收氟化物

① 年吸收氟化物量

$$G_{氟化物}=Q_{氟化物}A \qquad (23)$$

式中：$G_{氟化物}$ —— 林分年吸收氟化物量(t/a)；

$Q_{氟化物}$ —— 单位面积林分年吸收氟化物量[kg/(hm^2·a)]；

A —— 林分面积(hm^2)。

② 年吸收氟化物价值

$$U_{氟}=K_{氟化物}Q_{氟化物}A \qquad (24)$$

式中：$U_{氟}$ —— 林分年吸收氟化物价值(元/a)；

$Q_{氟化物}$ —— 单位面积林分年吸收氟化物量[kg/(hm^2·a)]；

$K_{氟化物}$ —— 氟化物治理费用(元/kg)；

A —— 林分面积(hm^2)。

（3）吸收氮氧化物

① 年吸收氮氧化物量

$$G_{氮氧化物}=Q_{氮氧化物}A \qquad (25)$$

式中：$G_{氮氧化物}$ —— 林分年吸收氮氧化物量(t/a)；

$Q_{氮氧化物}$ —— 单位面积林分年吸收氮氧化物量[kg/(hm^2·a)]；

A —— 林分面积(hm^2)。

② 年吸收氮氧化物价值

$$U_{氮氧化物}=K_{氮氧化物}Q_{氮氧化物}A \qquad (26)$$

式中：$U_{氮氧化物}$ —— 林分年吸收氮氧化物价值(元/a)；

$K_{氮氧化物}$ —— 氮氧化物治理费用(元/kg)；

$Q_{氮氧化物}$ —— 单位面积林分年吸收氮氧化物量[kg/(hm^2·a)]；

A —— 林分面积(hm^2)。

3. 滞尘指标

森林有阻挡、过滤和吸附粉尘的作用，可提高空气质量，因此滞尘功能是森林生态系统重要的服务功能之一。

(1) 年滞尘量

$$G_{滞尘}=Q_{滞尘}A \quad\cdots\cdots(27)$$

式中：$G_{滞尘}$ —— 林分年滞尘量(t/a)；

$Q_{滞尘}$ —— 单位面积林分年滞尘量[kg/(hm^2·a)]；

A —— 林分面积(hm^2)。

(2) 年滞尘价值

$$U_{滞尘}=K_{滞尘}Q_{滞尘}A \quad\cdots\cdots(28)$$

式中：$U_{滞尘}$ —— 林分年滞尘价值(元/a)；

$K_{滞尘}$ —— 降尘清理费用(元/kg)；

$Q_{滞尘}$ —— 单位面积林分年滞尘量[kg/(hm^2·a)]；

A —— 林分面积(hm^2)。

(六) 生物多样性保护功能

人类生存离不开其他生物，繁杂多样的生物及其组合(即生物多样性)与它们的物理环境共同构成了人类所依赖的生命支持系统。森林是生物多样性最丰富的区域，是生物多样性生存和发展的最佳场所，在生物多样性保护方面有着不可替代的作用。为此，本报告选用物种保育指标反映森林的生物多样性保护功能。

森林生态系统的物种保育价值采用引入物种濒危系数的Shannon-Wiener指数法计算：

$$U_{总}=(1+\sum_{i=1}^{n}E_i\times0.1)S_{单}A \quad\cdots\cdots(29)$$

式中：$U_{总}$ —— 林分年物种保育价值(元/a)；

E_i —— 评估林分(或区域)内物种i的濒危分值；

n —— 物种数量；

$S_{单}$ —— 单位面积年物种损失的机会成本[元/(hm^2·a)]；

A —— 林分面积(hm^2)。

本报告根据Shannon-Wiener指数计算生物多样性价值，共划分为7级：

当指数<1时，$S_{单}$为3000元/(hm^2·a)；

当1≤指数<2时，$S_{单}$为5000元/(hm^2·a)；

当2≤指数<3时，$S_{单}$为10000元/($hm^2 \cdot a$)；

当3≤指数<4时，$S_{单}$为20000元/($hm^2 \cdot a$)；

当4≤指数<5时，$S_{单}$为30000元/($hm^2 \cdot a$)；

当5≤指数<6时，$S_{单}$为40000元/($hm^2 \cdot a$)；

当指数≥6时，$S_{单}$为50000元/($hm^2 \cdot a$)。

（七）森林生态服务功能价值评估

中国森林生态服务功能总价值为上述13分项之和，公式为：

$$U=\sum_{i=1}^{13} U_i \quad \cdots\cdots (30)$$

式中：U —— 中国森林生态系统服务功能年总价值(元/a)；

U_i —— 中国森林生态系统服务功能各分项年价值(元/a)。

（八）社会公共数据来源

本报告共采用权威部门公布的15个社会公共数据，其主要来源如下：

(1) 水库库容造价：根据1993～1999年《中国水利年鉴》平均水库库容造价为2.17元/m^3，2005年价格指数为2.816，即得到单位库容造价为6.1107元/t。

(2) 居民用水价格：采用网格法得到2007年全国各大中城市的居民用水价格的平均值，为2.09元/t。

(3) 磷酸二铵含氮量：磷酸二铵化肥含氮量为14%，来自化肥说明。

(4) 磷酸二铵含磷量：磷酸二铵化肥含磷量为15.01%，来自化肥说明。

(5) 氯化钾含钾量：氯化钾化肥含钾量为50%，来自化肥说明。

(6) 磷酸二铵价格：采用农业部《中国农业信息网》(http://www.agri.gov.cn/)2007年春季平均价格，为2400元/t。

(7) 氯化钾价格：采用农业部《中国农业信息网》(http://www.agri.gov.cn/)2007年春季平均价格，为2200元/t。

(8) 有机质价格：采用农业部《中国农业信息网》(http://www.agri.gov.cn)2007年草炭土春季平均价格为200元/t，草炭土中含有机质62.5%，折合为有机质价格为320元/t。

(9) 固碳价格：欧美发达国家正在实施温室气体排放税收制度，对CO_2的排放征税。环境经济学家们多使用瑞典的碳税率150美元/t(折合人民币为1200元/t)，因此本报告也采用这个价格。

(10) 氧气价格：采用中华人民共和国卫生部网站(http://www.moh.gov.cn)中2007年

春季氧气平均价格，为1000元/t。

（11）负离子价格：负离子价格根据台州科利达电子有限公司生产的适用范围30m²(房间高3m)、功率为6W、负离子浓度1000000个/cm³、使用寿命为10年、价格65元/个的KLD-2000型负离子发生器而推断获得，其中负离子寿命为10min，电费为0.4元/度。

（12）二氧化硫治理费用：采用国家发展与改革委员会等四部委2003年第31号令《排污费征收标准及计算方法》中北京市高硫煤二氧化硫排污费收费标准，为1.20元/kg。

（13）氟化物治理标准：采用国家发展与改革委员会等四部委2003年第31号令《排污费征收标准及计算方法》中氟化物排污费收费标准，为0.69元/kg。

（14）氮氧化物治理标准：采用国家发展与改革委员会等四部委2003年第31号令《排污费征收标准及计算方法》中氮氧化物排污费收费标准，为0.63元/kg。

（15）降尘清理费用：采用国家发展与改革委员会等四部委2003年第31号令《排污费征收标准及计算方法》中一般性粉尘排污费收费标准，为0.15元/kg。

第三章

森林生态服务功能物质量评估

中国森林生态服务功能评估包括物质量和价值量两部分，其物质量评估结果如下：

一、总物质量

第七次全国森林资源清查期间（2004～2008），中国森林生态系统服务功能的物质量评估结果见表3-1。中国森林生态系统涵养水源量为4947.66亿m^3/a；固土70.35亿t/a，减少土壤中N损失0.13亿t/a，减少土壤中P损失0.07亿t/a，减少土壤中K损失1.14亿t/a，减少土壤中有机质损失2.30亿t/a；固碳3.59亿t/a（折算成吸收CO_2 13.16亿t/a，其中土壤固碳0.58亿t/a），释氧12.24亿t/a；林木积累N 981.43万t/a，积累P 152.81万t/a，积累K 542.38万t/a；提供负离子1.68×10^{27}个/a，吸收二氧化硫297.45亿kg/a，吸收氟化物10.81亿kg/a，吸收氮氧化物15.13亿kg/a，滞尘50014.13亿kg/a。

表3-1 中国森林生态系统服务功能物质量评估表

功能类别	指 标	物质量	功能类别	指 标	物质量
涵养水源	调节水量	4947.66亿m^3/a	积累营养物质	林木积累N	981.43万t/a
保育土壤	固 土	70.35亿t/a		林木积累P	152.81万t/a
	减少N损失	0.13亿t/a		林木积累K	542.38万t/a
	减少P损失	0.07亿t/a	净化大气环境	提供负离子	1.68×10^{27}个/a
	减少K损失	1.14亿t/a		吸收SO_2	297.45亿kg/a
	减少有机质损失	2.30亿t/a		吸收HF	10.81亿kg/a
固碳释氧	固 碳	3.59亿t/a（其中土壤固碳量为0.58亿t/a）		吸收NO_X	15.13亿kg/a
	释 氧	12.24亿t/a		滞 尘	50014.13亿kg/a

本报告中的中国森林包括第七次森林资源清查规定的有林地(乔木林、经济林、竹林)和灌木林地。其中,灌木林涵养水源量为1112.62亿m^3/a；固土16.92亿t/a,减少N损失250.38万t/a,减少P损失118.77万t/a,减少K损失2703.89万t/a,减少有机质损失4711.67万t/a；固碳5511.83万t/a(折算成吸收CO_2 2.02亿t/a),释氧11187.40万t/a;林木积累N114.26万t/a,积累P15.91万t/a,积累K58.53万t/a;提供负离子8.87×10^{25}个/a,吸收二氧化硫49.41亿kg/a,吸收氟化物1.82亿kg/a,吸收氮氧化物3.12亿kg/a,滞尘6118.10亿kg/a。

固碳量与吸收CO_2量的换算关系:由光合作用方程式可知,林木生长每产生162g 干物质,需吸收(固定)264g CO_2,并释放 192g O_2。即森林植被每积累1g干物质,可以固定1.63g CO_2,释放1.19g O_2。再通过分子量($1.63\times12\div44=0.4445$)进行转换,得到森林植被每积累1g干物质,可以固定0.4445g C。

二、物质量分布格局

(一)总物质量

第七次全国森林资源清查期间(2004～2008),31个省份森林生态服务功能总物质量的计算结果表明(表3-2):

(1) 涵养水源功能：位于0.90亿～669.73亿m^3/a之间,其中四川省最大,云南省次之,广西壮族自治区第三。

(2) 保育土壤功能：①固土功能位于111.61万～82510.43万t/a之间,其中西藏自治区最大,四川省次之,云南省第三。②保肥功能中:减少土壤中N损失位于0.16万～202.69万t/a之间,其中黑龙江省最大,西藏自治区第二,内蒙古自治区第三；减少土壤中P损失位于0.06万～107.80万t/a之间,其中黑龙江省最大,云南省第二,西藏自治区第三；减少土壤中K损失位于1.38万～1362.67万t/a之间,其中内蒙古自治区最大,西藏自治区第二,黑龙江省第三；减少土壤中有机质损失位于3.55万～3128.47万t/a之间,其中黑龙江省最大,西藏自治区第二,四川省第三。

(3) 固碳释氧功能：①固碳功能位于8.04万～4029.02万t/a(折算成吸收CO_2 29.48万～

表3-2 分省份森林生态系统

省(自治区、直辖市)	涵养水源(亿m^3/a)	保育土壤(万t/a)					固碳释氧(万t/a)	
		固 土	N	P	K	有机质	固 碳	吸收CO_2
北 京	10.66	1562.81	1.78	0.57	10.90	66.96	140.41	514.82
天 津	0.91	193.56	0.20	0.06	1.38	7.97	12.90	47.28
河 北	92.80	8392.35	10.14	3.19	63.87	347.76	836.95	3068.81
山 西	41.25	13242.29	37.29	5.20	248.20	603.32	451.58	1655.78
内蒙古	274.32	68592.78	95.28	47.40	1362.67	1981.96	3600.87	13203.18
辽 宁	87.31	19438.32	46.01	22.19	364.27	906.88	996.07	3652.26
吉 林	114.60	24765.90	65.30	36.33	416.93	1055.78	1163.10	4264.71
黑龙江	385.47	71214.68	202.69	107.80	1172.47	3128.47	4029.02	14773.08
上 海	0.90	111.61	0.16	0.24	1.40	3.55	8.04	29.49
江 苏	29.96	2234.74	3.30	2.15	27.31	65.95	88.94	326.10
浙 江	137.24	18070.95	44.69	19.80	702.16	545.96	929.76	3409.14
安 徽	62.46	11141.72	23.12	10.38	379.46	252.09	489.95	1796.49
福 建	199.93	13914.30	83.12	30.10	216.14	805.22	747.16	2739.58
江 西	363.01	14890.89	17.04	13.26	192.27	402.35	1942.26	7121.62
山 东	58.04	3591.78	4.26	1.30	29.11	153.60	411.28	1508.03
河 南	67.94	14208.84	30.09	7.66	33.21	471.86	433.38	433.38
湖 北	166.82	10737.44	49.77	6.16	155.84	241.85	818.90	3002.65
湖 南	297.99	17179.92	24.48	9.88	239.88	431.13	186.15	682.56
广 东	260.10	30298.04	39.14	16.73	539.92	578.53	1768.33	6483.87
广 西	391.22	39405.92	56.75	17.27	579.63	1133.33	3296.04	12085.48
海 南	66.32	5765.00	6.07	4.14	40.50	118.36	211.62	775.94
重 庆	51.00	12476.34	20.39	11.38	220.15	610.84	569.12	2086.77
四 川	669.73	75633.19	93.59	37.93	1127.60	2006.90	3036.90	11135.29
贵 州	76.67	18306.32	32.08	54.20	95.22	741.99	899.61	3298.57
云 南	520.22	75283.26	86.44	95.03	1025.63	1922.28	4010.55	14705.35
西 藏	211.64	82510.43	111.10	70.03	1351.38	2092.59	2289.41	8394.49
陕 西	106.31	19888.58	33.49	8.80	230.47	733.32	953.15	3494.89
甘 肃	99.34	19340.75	61.13	19.34	408.05	1380.60	656.12	2405.77
青 海	43.21	6866.19	9.78	13.56	101.21	121.23	307.56	1127.71
宁 夏	9.13	1521.89	4.94	1.42	30.88	112.31	48.71	178.61
新 疆	51.16	2686.71	6.00	1.99	26.44	18.58	528.00	1936.01

服务功能物质量评估表

	积累营养物质(万t/a)			净化大气环境				
释氧	N	P	K	提供负离子 (10^{25}个)	吸收SO_2 (万kg/a)	吸收HF (万kg/a)	吸收NO_X (万kg/a)	滞尘 (亿kg/a)
363.86	5.31	0.22	3.22	0.41	9921.56	326.55	540.48	115.34
52.95	0.78	0.03	0.47	0.06	1101.05	37.68	67.32	13.03
2349.42	32.32	1.19	21.37	2.96	44441.57	1725.90	2892.54	623.32
1143.93	9.21	4.17	6.36	1.91	39173.32	1247.39	2020.14	510.01
9020.56	160.27	27.57	97.67	16.64	450858.55	20945.90	14364.54	6904.46
3133.45	35.21	1.35	4.25	3.88	60032.82	1699.57	2887.20	765.75
4371.55	50.35	1.40	3.14	7.27	42948.83	5344.91	9055.61	1856.88
12938.08	148.43	17.98	71.87	18.54	190691.62	14747.74	15962.67	4457.44
34.65	0.79	0.22	0.74	0.04	609.04	9.24	30.03	8.07
673.86	15.59	4.71	15.72	0.68	9497.81	360.94	542.95	128.54
2794.33	52.10	4.13	32.44	5.16	116893.72	1763.28	3694.68	1551.58
1874.27	40.94	2.96	28.77	3.18	44302.23	855.44	2102.55	989.51
4077.39	19.65	1.24	8.46	6.76	120716.43	1772.14	4052.47	1897.94
6500.57	74.38	10.25	42.14	8.76	145189.93	2612.61	5344.41	2105.65
1660.64	15.43	0.95	4.20	1.39	23213.66	375.19	1282.50	344.51
2107.59	5.38	0.52	4.72	2.65	37966.21	1319.52	2044.20	485.77
3410.10	12.76	1.00	9.91	5.44	82370.60	2119.11	4122.78	1333.45
5120.30	15.71	3.04	11.45	8.04	156607.26	2270.16	5873.73	2280.98
7880.82	40.40	4.76	22.70	6.74	107786.39	9894.46	8725.14	3561.33
10573.56	49.27	6.01	32.62	8.52	157709.21	11924.81	14234.25	4274.44
942.10	10.24	0.75	5.04	0.99	16061.96	1773.89	1080.54	190.20
1857.49	6.20	2.40	4.31	2.09	32671.58	907.92	1779.17	680.71
10680.20	36.00	13.17	25.17	15.49	278862.87	5732.97	11803.20	3906.48
2917.68	9.06	3.70	6.41	4.10	80823.20	1538.74	3323.19	1175.93
13341.16	55.82	25.96	37.59	13.90	260837.93	6100.09	11626.23	3615.17
5666.54	30.21	7.21	12.00	9.89	203280.23	3267.04	7301.70	2934.33
2993.18	16.22	1.51	6.75	6.14	89067.81	3248.31	4637.20	1137.47
1719.70	11.75	1.09	4.30	2.91	55098.18	2351.17	3417.09	737.74
631.11	3.71	0.82	1.46	0.67	36858.31	609.37	2170.44	423.47
112.64	0.74	0.07	0.30	0.18	5682.14	290.03	307.23	72.28
1421.15	17.20	2.43	16.85	2.70	73230.45	943.04	3986.40	932.37

14773.07万t/a)之间，其中黑龙江省最大，云南省第二，内蒙古自治区第三。②释氧功能位于34.65万～13341.16万t/a之间，其中云南省最大，黑龙江省第二，四川省第三。

(4) 积累营养物质功能：林木积累N位于0.74万～160.27万t/a之间，其中内蒙古自治区最大，黑龙江省第二，江西省第三；林木积累P位于0.03万～27.57万t/a之间，其中内蒙古自治区最大，云南省第二，黑龙江省第三；林木积累K位于0.30万～97.67万t/a之间，其中内蒙古自治区最大，黑龙江省第二，江西省第三。

(5) 净化大气环境功能：①提供负离子量位于0.04×10^{25}～18.54×10^{25}个/a之间，其中黑龙江省第一，内蒙古自治区第二，四川省第三。②吸收污染物功能中，吸收二氧化硫位于609.04万～450858.55万kg/a之间，其中内蒙古自治区第一，四川省第二，云南省第三；吸收氟化物位于9.24万～20945.90万kg/a之间，其中内蒙古自治区第一，黑龙江省第二、广西壮族自治区第三；吸收氮氧化物位于30.03万～15962.67万kg/a之间，其中黑龙江省第一，内蒙古自治区第二，广西壮族自治区第三。③滞尘功能位于8.07亿～6904.46亿kg/a之间，其中内蒙古自治区第一，黑龙江省第二，广西壮族自治区第三。

以上16项中，上海市有11项最少，天津市有3项最少。

从以上结果与各省(自治区、直辖市)森林面积比较也可以看出，各省份的森林生态服务功能总物质量与其森林面积密切相关，单位面积物质量是次要因素，如森林面积排在最前的内蒙古自治区、四川省、云南省、黑龙江省几乎均处于各指标物质量的前五位，而面积最少的天津市和上海市各指标物质量基本都排在最后两名。

(二)单位面积物质量

第七次全国森林资源清查期间(2004～2008)，中国森林生态系统主要服务功能单位面积物质量在全国分布情况如图3-1至图3-9。

各省份森林生态系统服务功能单位面积物质量计算结果如下：

(1) 涵养水源功能：单位面积调节水量位于769.94～3682.82 $m^3/(hm^2\cdot a)$之间，各省份从大到小的顺序为：海南＞江西＞四川＞广西＞广东＞江苏＞湖南＞云南＞福建＞湖北＞浙江＞山东＞黑龙江＞河北＞宁夏＞河南＞甘肃＞重庆＞辽宁＞安徽＞吉林＞上海＞贵州＞西藏＞山西＞陕西＞青海＞北京＞内蒙古＞天津＞新疆。

(2) 保育土壤功能：单位面积固土量位于4.04～48.64 $t/(hm^2\cdot a)$之间，各省份从大到小的顺序为：西藏>重庆>山西>云南>四川>黑龙江>辽宁>河南>甘肃>广东>吉林>海南>贵州>广西>浙江>内蒙古>宁夏>安徽>陕西>江苏>青海>上海>福建>河北>北京>天津>

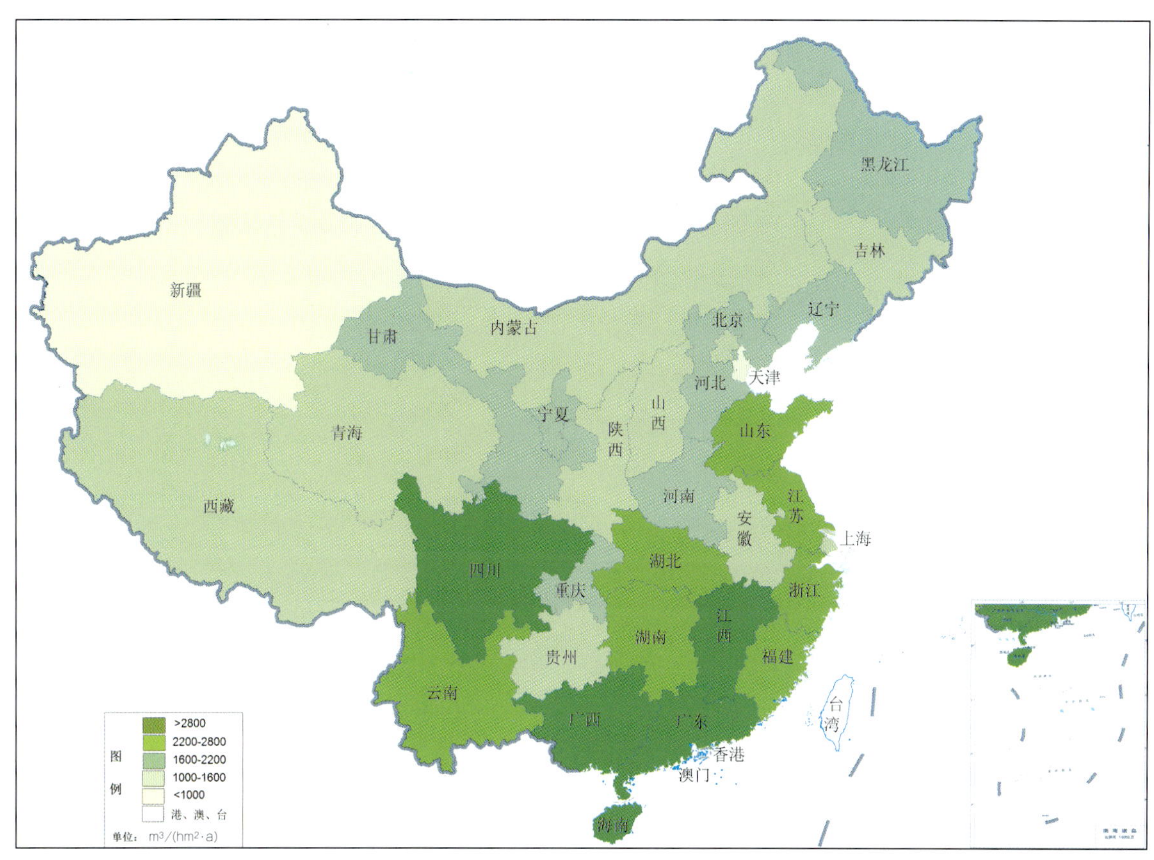

图3-1　中国森林生态系统调节水量单位面积功能图

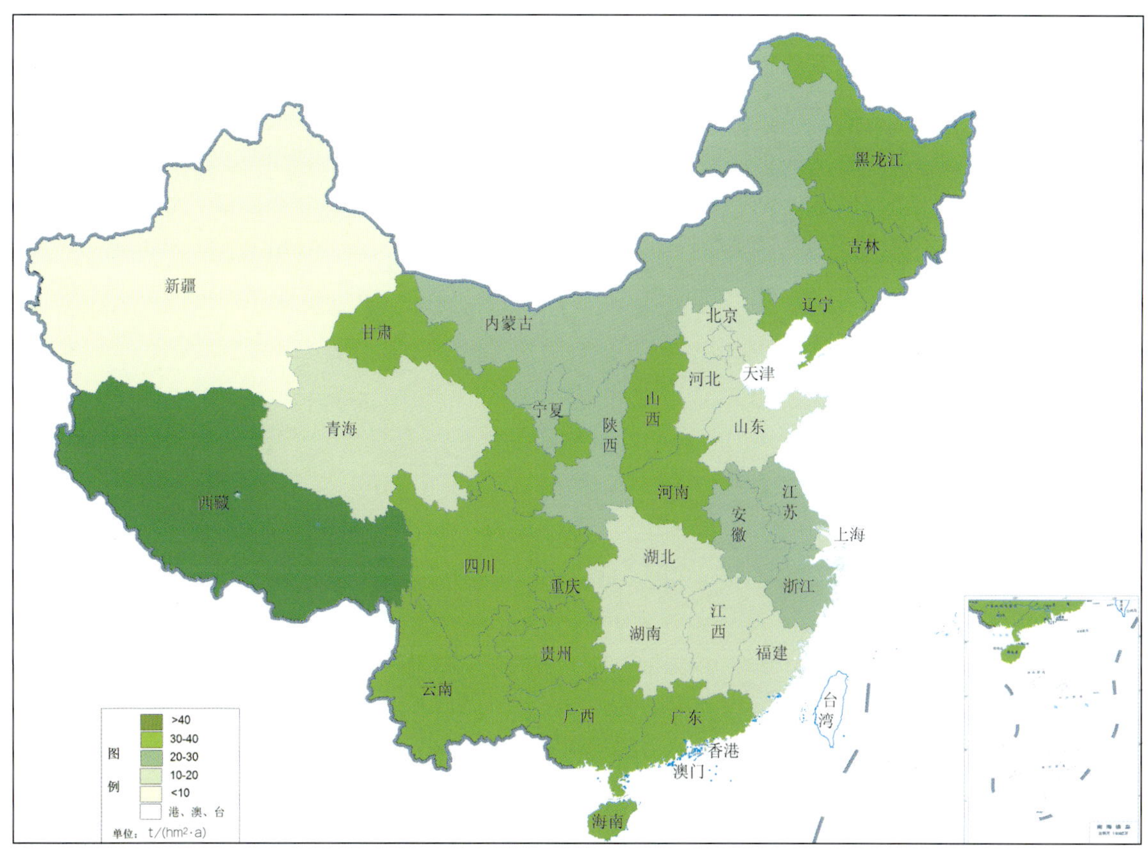

图3-2　中国森林生态系统固土单位面积功能图

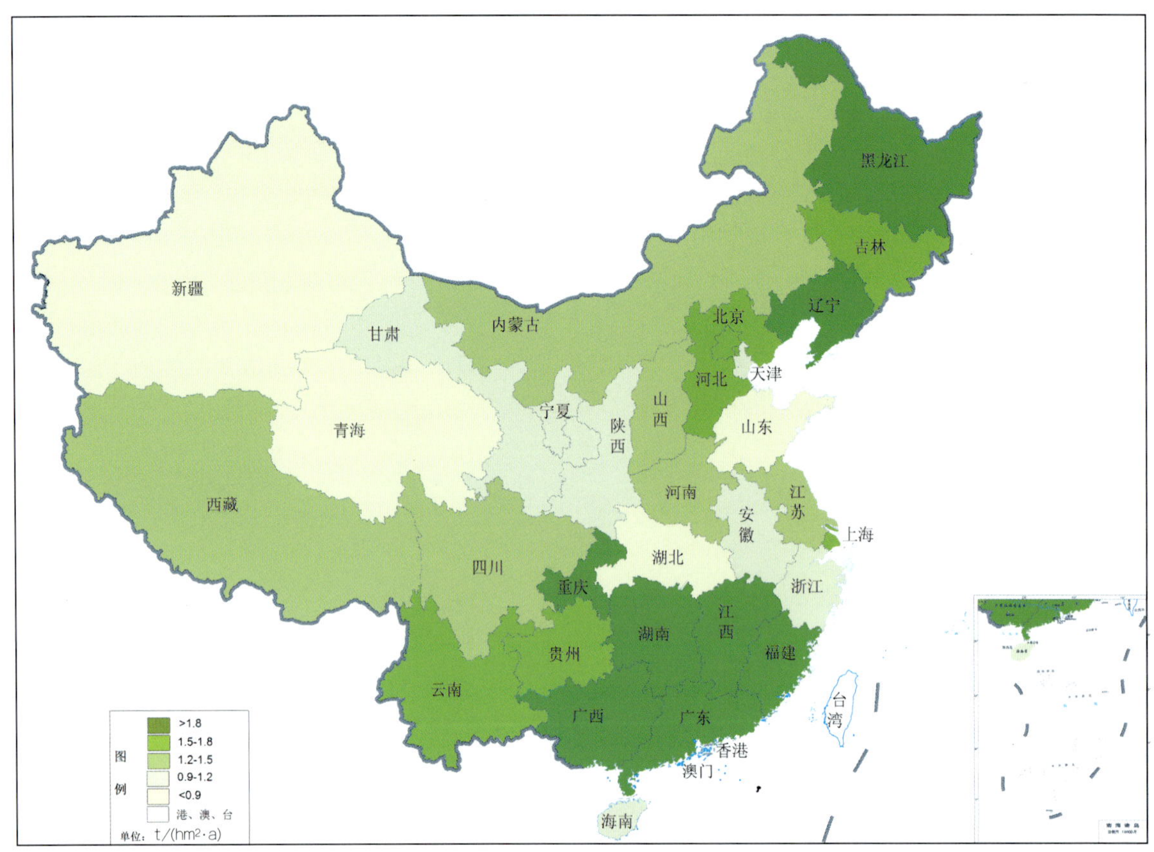

图3-3 中国森林生态系统固碳单位面积功能图

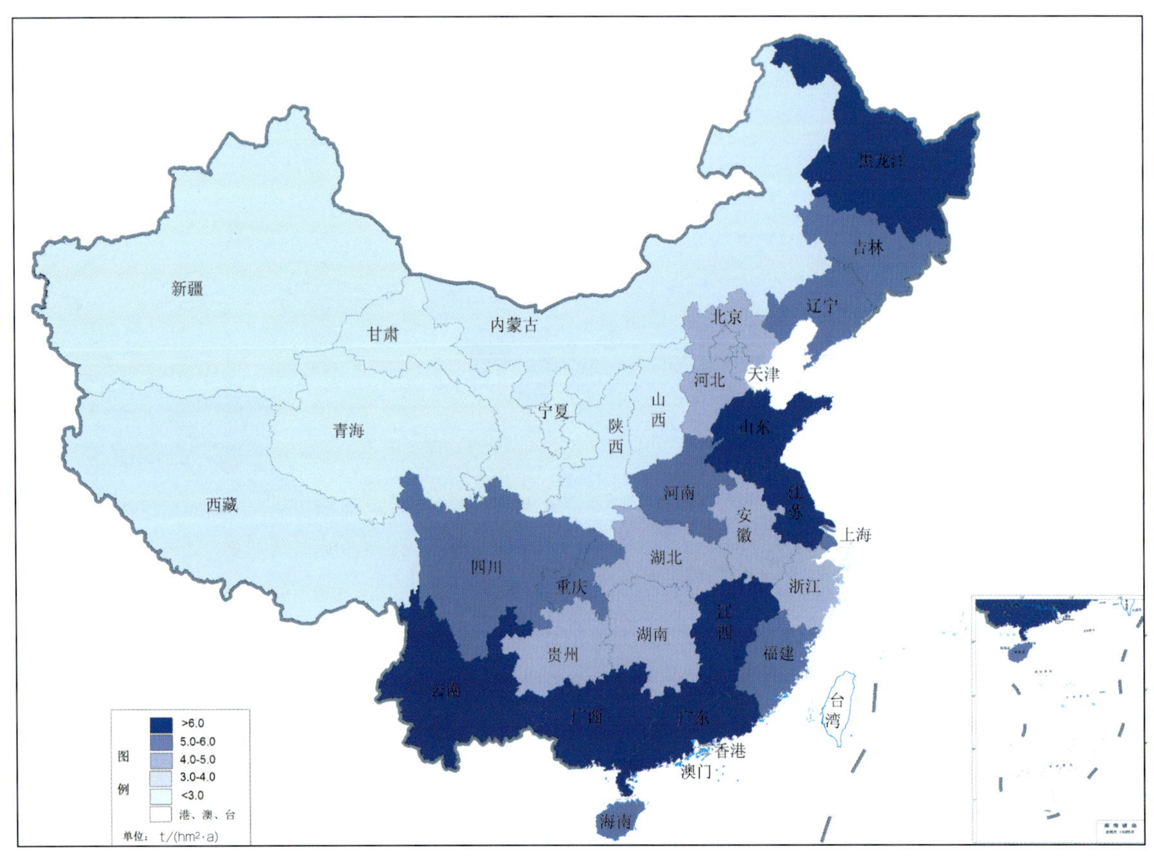

图3-4 中国森林生态系统释氧单位面积功能图

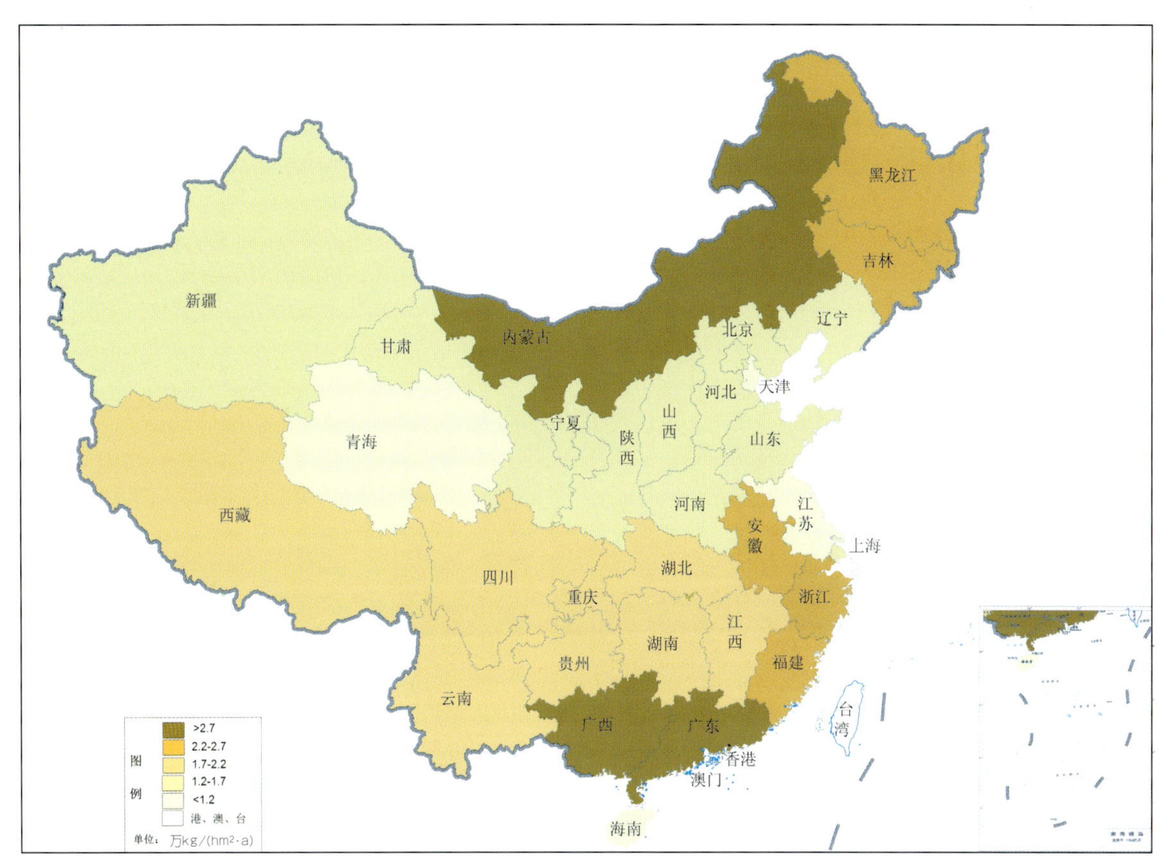

图3-9　中国森林生态系统滞尘单位面积功能图

湖南>江西>湖北>山东>新疆。

保肥指标中，减少土壤中N损失量位于0.01～0.11 t/(hm^2·a)之间，各省份从大到小的顺序为：山西>福建>甘肃>黑龙江>宁夏>吉林>辽宁>河南>浙江>湖北>西藏>重庆>安徽>贵州>四川>广西>广东>云南>内蒙古>陕西>海南>江苏>青海>上海>湖南>河北>北京>天津>江西>山东>新疆。

减少土壤中P损失量位于0.003～0.09 t/(hm^2·a)之间，各省份从大到小的顺序为：贵州>黑龙江>吉林>云南>西藏>辽宁>上海>福建>青海>重庆>甘肃>浙江>宁夏>安徽>海南>江苏>内蒙古>河南>四川>广东>山西>广西>江西>陕西>湖南>湖北>河北>北京>天津>山东>新疆。

减少土壤中K损失量位于0.04～1.14 t/(hm^2·a)之间，各省份从大到小的顺序为：浙江>安徽>西藏>山西>甘肃>重庆>辽宁>黑龙江>广东>宁夏>内蒙古>吉林>四川>云南>广西>青海>福建>陕西>江苏>海南>上海>湖南>湖北>江西>贵州>河北>天津>北京>山东>河南>新疆。

减少土壤中有机质损失量位于0.03～2.37 t/(hm^2·a)之间，各省份从大到小的顺序为：甘肃>宁夏>重庆>山西>辽宁>黑龙江>吉林>贵州>西藏>河南>福建>四川>云南>浙江>广西>陕西>内蒙古>北京>河北>天津>海南>安徽>广东>江苏>山东>上海>江西>湖南>青海>湖北>新疆。

（3）固碳释氧功能：单位面积固碳量位于0.17～2.58 t/(hm^2·a)之间，各省份从大到小的顺序为：广西>黑龙江>云南>江西>广东>辽宁>重庆>河北>山东>北京>吉林>贵州>浙江>内蒙古>四川>西藏>山西>上海>安徽>海南>天津>湖北>甘肃>陕西>河南>福建>宁夏>青海>江苏>新疆>湖南。

单位面积释氧量位于1.74～8.60 t/(hm^2·a)之间，各省份从大到小的顺序为：广东>广西>黑龙江>云南>江西>山东>江苏>重庆>吉林>辽宁>上海>河南>四川>海南>福建>贵州>河北>安徽>湖北>天津>湖南>浙江>北京>内蒙古>陕西>山西>西藏>甘肃>新疆>宁夏>青海。

（4）积累营养物质功能：林木营养积累指标中单位面积林木积累N量位于0.01～0.14 t/(hm^2·a)之间，各省份从大到小的顺序为：江苏>上海>安徽>浙江>黑龙江>江西>天津>河北>吉林>内蒙古>辽宁>北京>山东>海南>广东>广西>云南>山西>新疆>福建>甘肃>重庆>陕西>西藏>湖北>四川>贵州>湖南>宁夏>河南>青海。

单位面积林木积累P量位于0.001～0.04 t/(hm^2·a)之间，各省份从大到小的顺序为：江苏>上海>云南>山西>内蒙古>江西>黑龙江>重庆>安徽>浙江>四川>贵州>广东>广西>西藏>海南>新疆>山东>湖南>天津>辽宁>河北>北京>青海>甘肃>吉林>陕西>福建>湖北>宁夏>河南。

单位面积林木积累K量位于0.004～0.14 t/(hm^2·a)之间，各省份从大到小的顺序为：江苏>上海>安徽>浙江>河北>江西>天津>内蒙古>黑龙江>北京>海南>广西>新疆>广东>山西>云南>山东>湖北>重庆>四川>河南>贵州>福建>湖南>辽宁>陕西>甘肃>西藏>宁夏>吉林>青海。

（5）净化大气环境功能：单位面积提供负离子个数位于1.86×10^{18}～9.68×10^{18}个/(hm^2·a)之间，各省份从大到小的顺序为：吉林>黑龙江>江西>福建>浙江>安徽>四川>湖北>湖南>广东>辽宁>陕西>贵州>内蒙古>云南>河南>广西>重庆>江苏>河北>上海>西藏>山西>海南>山东>天津>甘肃>北京>新疆>宁夏>青海。

单位面积吸收污染物指标中，单位面积吸收二氧化硫量位于57.14～189.83 kg/(hm^2·a)之间，各省份从大到小的顺序为：浙江>内蒙古>福建>江西>湖南>贵州>四川>云南>

广西＞西藏＞广东＞山西＞湖北＞安徽＞辽宁＞新疆＞北京＞宁夏＞重庆＞陕西＞青海＞黑龙江＞天津＞上海＞河南＞甘肃＞河北＞海南＞山东＞江苏＞吉林。

单位面积吸收氟化物量位于1.42～10.79 kg/(hm^2·a)之间，各省份从大到小的顺序为：广东＞海南＞广西＞内蒙古＞黑龙江＞吉林＞宁夏＞甘肃＞陕西＞山西＞北京＞河北＞天津＞江苏＞河南＞辽宁＞云南＞湖北＞重庆＞浙江＞四川＞贵州＞江西＞福建＞安徽＞湖南＞西藏＞青海＞上海＞山东＞新疆。

单位面积吸收氮氧化物量位于4.30～12.05 kg/(hm^2·a)之间，各省份从大到小的顺序为：吉林＞广西＞广东＞黑龙江＞天津＞山西＞河北＞浙江＞青海＞北京＞新疆＞海南＞内蒙古＞甘肃＞四川＞宁夏＞云南＞湖北＞贵州＞重庆＞湖南＞江西＞陕西＞辽宁＞安徽＞福建＞河南＞江苏＞山东＞上海＞西藏。

单位面积滞尘量位于1.06～3.89万kg/(hm^2·a)之间，各省份从大到小的顺序为：广东＞广西＞内蒙古＞浙江＞安徽＞吉林＞福建＞黑龙江＞重庆＞江西＞湖南＞贵州＞四川＞湖北＞云南＞西藏＞山西＞辽宁＞新疆＞宁夏＞山东＞陕西＞河北＞上海＞北京＞甘肃＞河南＞江苏＞青海＞天津＞海南。

单位面积调节水量主要与林外降水量、蒸散量和快速径流量三个因素有关，基本上与评估期间降水量变化一致。总体趋势为：华南地区＞华东地区＞华中地区＞华北地区＞东北地区＞西南地区＞西北地区。

单位面积固土量受无林地土壤侵蚀模数和林地土壤侵蚀模数两个因子影响，主要与土壤类型有关，森林的作用则排在第二位。拥有抗蚀能力强土壤的省份都排在后面，反之则在前列。如江西省主要土壤类型为黄壤和黄红壤，质地黏重，不易侵蚀，排在倒数第四位。总体趋势是：西南地区＞东北地区＞中南地区＞西北地区＞华东地区＞华北地区。

单位面积保肥量与土壤中的N、P、K含量关系密切。土壤肥沃，肥力好的土壤类型，保肥能力强。总体趋势为：东北地区＞西南地区＞西北地区＞华东地区＞中南地区＞华北地区。

从单位面积固碳量上看，影响其大小的指标主要是林分净生产力，主要在于树木的生长速度，树木生长速度快的中南地区固碳量也高。总体趋势是：中南地区＞东北地区＞西南地区＞华北地区＞华东地区＞西北地区。单位面积释氧量的变化趋势与固碳量一致。

单位面积林木营养积累量与树木中营养元素N、P、K含量相关，但影响最大的是净生产力。林木生长速度越快，积累营养物质越多。从净生产力上看，华东地区最大，所以积累营养物质也大。总体趋势为：华东地区＞东北地区＞中南地区＞华北地区＞西南地区＞西北地区。

单位面积森林提供负离子量与森林类型密切相关，冷杉林是提供负离子量最多的森林类型，为2995个/cm³；其次为竹林，为2951个/cm³；再次为云杉1800个/cm³。因此，这些森林类型面积大的省（自治区、直辖市）提供负离子量也大。总体趋势为：东北地区＞中南地区＞华东地区＞西南地区＞华北地区＞西北地区。

三、不同林分类型生态服务功能物质量

本报告中的林分类型是指《国家森林资源连续清查技术规定》的46种乔木林优势树种（组）、经济林、竹林和灌木林， 因此本报告共评估了49种林分类型的生态服务功能。

本报告根据森林生态系统服务功能评估公式，计算了第七次全国森林资源清查期间不同林分类型生态服务功能的总物质量和单位面积物质量。

由于第七次全国森林资源清查资料不足，因此本报告中各林分类型的固碳量和固碳价值

表3-3　各省（自治区、直辖市）优势树种林分类型的分布状况

省（自治区、直辖市）	优势树种林分类型
北　京	落叶松；樟子松；油松；其他松类；柏木；栎类；桦木；白桦；榆树；水、胡、黄；其他硬阔类；针阔混；杨树；柳树；泡桐；其他软阔类；椴树；阔叶混；经济林；灌木林
天　津	云杉；油松；柏木；栎类；胡桃楸；榆树；其他硬阔类；椴树；杨树；柳树；其他软阔类；经济林；灌木林
河　北	落叶松；樟子松；油松；柏木；栎类；白桦；枫桦；胡桃楸；针叶混；榆树；其他硬阔类；椴树；杨树；柳树；泡桐；其他软阔类；阔叶混；针阔混；经济林；灌木林
山　西	云杉；落叶松；樟子松；油松；华山松；其他松类；柏木；栎类；桦木；白桦；水曲柳；胡桃楸；榆树；其他硬阔类；针叶混；针阔混；椴树；杨树；柳树；其他软阔类；阔叶混；经济林；竹林；灌木林；
内蒙古	云杉；落叶松；樟子松；油松；柏木；栎类；桦木；阔叶混；针阔混；白桦；榆树；其他硬阔类；椴树；杨树；柳树；其他软阔类；经济林；灌木林
辽　宁	冷杉；云杉；落叶松；红松；樟子松；赤松；黑松；油松；柏木；栎类；桦木；水、胡、黄；榆树；其他硬阔类；椴树；杨树；柳树；针叶混；其他软阔类；阔叶混；针阔混；经济林；灌木林
吉　林	冷杉；云杉；落叶松；红松；樟子松；赤松；黑松；栎类；桦木；白桦；枫桦；水、胡、黄；榆树；其他硬阔类；椴树；杨树；柳树；针叶混；其他软阔类；阔叶混；针阔混；经济林；灌木林
黑龙江	冷杉；云杉；落叶松；红松；樟子松；赤松；栎类；桦木；白桦；枫桦；水、胡、黄；榆树；其他硬阔类；针叶混；椴树；杨树；阔叶混；柳树；其他软阔类；针阔混；经济林；灌木林

（续）

省（自治区、直辖市）	优势树种林分类型
上　海	马尾松；其他松类；柳杉；水杉；池杉；柏木；樟木；榆树；针阔混；阔叶混；其他硬阔类；柳树；其他软阔类；经济林；竹林；灌木林
江　苏	赤松；黑松；马尾松；国外松；其他松类；杉木；水杉；柏木；栎类；榆树；枫香；其他硬阔类；杨树；柳树；其他软阔类；针叶混；阔叶混；针阔混；经济林；竹林；灌木林
浙　江	黑松；马尾松；高山松；湿地松；其他松类；杉木；柳杉；水杉；池杉；柏木；栎类；樟木；榆树；木荷；枫香；其他硬阔类；杨树；针叶混；柳树；其他软阔类；阔叶混；针阔混；经济林；竹林；灌木林
安　徽	黑松；马尾松；高山松；国外松；杉木；柳杉；水杉；池杉；针叶混；柏木；栎类；枫香；其他硬阔类；檫木；杨树；柳树；泡桐；阔叶混；其他软阔类；针阔混；经济林；竹林；灌木林
福　建	油杉；黑松；马尾松；湿地松；火炬松；其他松类；杉木；柳杉；柏木；栎类；樟木；木荷；其他硬阔类；桉树；相思；木麻黄；其他软阔类；针叶混；阔叶混；针阔混；经济林；竹林；灌木林
江　西	马尾松；高山松；湿地松；火炬松；杉木；栎类；樟木；木荷；枫香；其他硬阔类；檫木；杨树；桉树；楝树；其他软阔类；针叶混；阔叶混；针阔混；经济林；竹林；灌木林
山　东	落叶松；赤松；黑松；油松；火炬松；其他松类；柏木；栎类；针叶混；榆树；其他硬阔类；杨树；柳树；泡桐；其他软阔类；阔叶混；针阔混；经济林；灌木林
河　南	黑松；油松；华山松；马尾松；湿地松；火炬松；其他松类；针叶混；杉木；水杉；池杉；柏木；栎类；枫香；其他硬阔类；杨树；阔叶混；柳树；泡桐；其他软阔类；针阔混；经济林；竹林；灌木林
湖　北	冷杉；铁杉；油杉；落叶松；黑松；油松；华山松；马尾松；湿地松；其他松类；杉木；柳杉；水杉；池杉；柏木；栎类；桦木；樟木；枫香；其他硬阔类；椴树；杨树；柳树；楝树；其他软阔类；针叶混；阔叶混；针阔混；经济林；竹林；灌木林
湖　南	华山松；马尾松；国外松；湿地松；火炬松；其他松类；杉木；柳杉；水杉；池杉；柏木；其他杉类；栎类；桦木；樟木；楠木；榆树；木荷；枫香；其他硬阔类；檫木；杨树；柳树；泡桐；桉树；楝树；针叶混；其他软阔类；阔叶混；针阔混；经济林；竹林；灌木林
广　东	马尾松；湿地松；其他松类；杉木；柏木；木荷；枫香；其他硬阔类；泡桐；桉树；相思；木麻黄；其他软阔类；针叶混；阔叶混；针阔混；经济林；竹林；灌木林
广　西	铁杉；马尾松；云南松；湿地松；杉木；柳杉；栎类；桦木；针叶混；樟木；楠木；木荷；枫香；其他硬阔类；桉树；相思；楝树；阔叶混；其他软阔类；针阔混；经济林；竹林；灌木林

（续）

省（自治区、直辖市）	优势树种林分类型
海南	国外松；火炬松；其他松类；杉木；其他硬阔类；檫木；桉树；相思；木麻黄；楝树；其他软阔类；阔叶混；针阔混；经济林；竹林；灌木林
重庆	油杉；落叶松；油松；华山松；马尾松；云南松；思茅松；杉木；柳杉；湿地松；水杉；柏木；栎类；桦木；白桦；樟木；楠木；枫香；针叶混；椴树；其他硬阔类；杨树；泡桐；桉树；其他软阔类；阔叶混；针阔混；经济林；竹林；灌木林
四川	冷杉；云杉；铁杉；油杉；落叶松；油松；华山松；马尾松；云南松；思茅松；高山松；国外松；湿地松；杉木；柳杉；水杉；柏木；栎类；桦木；樟木；楠木；木荷；枫香；其他硬阔类；椴树；檫木；针叶混；杨树；柳树；泡桐；桉树；楝树；其他软阔类；阔叶混；针阔混；竹林；经济林；灌木林
贵州	油杉；华山松；马尾松；云南松；国外松；湿地松；杉木；柳杉；柏木；栎类；桦木；樟木；枫香；其他硬阔类；杨树；其他软阔类；针叶混；桉树；阔叶混；针阔混；经济林；竹林；灌木林
云南	冷杉；云杉；铁杉；油杉；落叶松；华山松；云南松；思茅松；高山松；杉木；柳杉；柏木；其他杉类；栎类；桦木；樟木；阔叶混；针叶混；木荷；其他硬阔类；榆树；杨树；泡桐；桉树；其他软阔类；针阔混；经济林；竹林；灌木林
西藏	冷杉；云杉；铁杉；落叶松；华山松；云南松；高山松；紫杉；柏木；其他松类；栎类；桦木；枫香；其他硬阔类；杨树；柳树；其他软阔类；针叶混；阔叶混；针阔混；经济林；灌木林
陕西	冷杉；云杉；铁杉；落叶松；油松；华山松；马尾松；其他松类；杉木；柏木；栎类；桦木；白桦；胡桃楸；榆树；其他硬阔类；椴树；杨树；柳树；泡桐；其他软阔类；阔叶混；针阔混；经济林；竹林；灌木林
甘肃	冷杉；云杉；铁杉；落叶松；油松；华山松；柏木；栎类；桦木；白桦；榆树；其他硬阔类；椴树；杨树；柳树；泡桐；其他软阔类；针叶混；阔叶混；针阔混；经济林；竹林；灌木林
青海	冷杉；云杉；落叶松；油松；柏木；栎类；桦木；白桦；榆树；杨树；其他硬阔类；柳树；经济林；灌木林
宁夏	云杉；落叶松；油松；华山松；柏木；栎类；桦木；阔叶混；针叶混；榆树；其他硬阔类；椴树；杨树；柳树；白桦；其他软阔类；经济林；灌木林
新疆	冷杉；云杉；落叶松；红松；樟子松；桦木；榆树；其他硬阔类；杨树；柳树；其他软阔类；经济林；灌木林

为按照林业行业标准《森林生态系统服务功能评估规范》(LY/T　1721—2008)计算出的各林分类型潜在固碳量,未减去由于森林采伐消耗造成的碳损失量。

(一)总物质量

第七次全国森林资源清查期间(2004～2008),不同林分类型生态服务功能总物质量及其排序结果如下:

(1) 涵养水源功能:位于0.0077亿～1112.62亿m^3/a之间,其中灌木林最大,阔叶混第二,经济林第三,栎类第四,池杉和紫杉最小。

(2) 保育土壤功能:①固土功能位于19.67万～169188.15万t/a之间,其中灌木林最大,阔叶混第二,栎类第三,经济林第四,紫杉和池杉最小。②保肥功能中:减少土壤中N损失量位于0.045万～250.38万t/a之间,其中灌木林最大,阔叶混第二,栎类第三,经济林第四,檫木和紫杉最小;减少土壤中P损失量位于0.0065万～118.77万t/a之间,其中灌木林最大,阔叶混第二,杉木第三,经济林第四,紫杉和池杉最小;减少土壤中K损失量位于0.23万～2703.89万t/a之间,其中灌木林最大,阔叶混第二,栎类第三,经济林第四,紫杉和池杉最小;减少土壤中有机质损失量位于0.45万～4711.67万t/a之间,其中灌木林最大,阔叶混第二,栎类第三,经济林第四,檫木和池杉最小。

(3) 固碳释氧功能:①固碳功能位于0.77万～7443.43万t/a之间,其中阔叶混最大,灌木林第二,栎类第三,杨树第四,池杉和紫杉最小。②释氧功能位于1.75万～18287.60万t/a之间,其中阔叶混最大,灌木林第二,栎类第三,杨树第四,池杉和紫杉最小。

(4) 积累营养物质功能:①林木积累N位于0.010万～179.70万t/a之间,其中阔叶混最大,灌木林第二,桦木第三,栎类第四,池杉和紫杉最小。②林木积累P位于0.0020万～18.98万t/a之间,其中阔叶混最大,栎类第二,灌木林第三,落叶松第四,池杉和紫杉最小。③林木积累K位于0.0040万～94.16万t/a之间,其中阔叶混最大,灌木林第二,杨树第三,桦木第四,池杉和紫杉最小。

(5) 净化大气环境功能:①提供负离子位于6.02×10^{22}～23.95×10^{25}个之间,其中阔叶混最大,栎类第二,马尾松第三,落叶松第四,池杉和紫杉最小。②吸收污染物功能中:吸收二氧化硫位于103.49万～494107.76万kg/a之间,其中灌木林最大,杉木第二,桦木第三,阔叶混第四,池杉和紫杉最小;吸收氟化物位于0.24万～18223.26万kg/a之间,其中灌木林最大,阔叶混第二,落叶松第三,桦木第四,池杉和紫杉最小;吸收氮氧化物位于2.88万～31219.35万kg/a之间,其中灌木林最大,阔叶混第二,栎类第三,经济林第四,池杉和紫杉最小。③滞尘功能位于1.59亿～6118.10亿kg/a之间，其中灌木林最大，阔叶混第二，马尾松第三，杉木第四，檫木和紫杉最小。

（二）单位面积物质量

第七次全国森林资源清查期间(2004～2008)，不同林分类型主要生态服务功能单位面积物质量分布情况如图3-10至图3-18。

各林分类型的生态服务功能单位面积物质量计算结果及排序如下：

(1) 涵养水源功能：位于160.00～3728.69 $m^3/(hm^2 \cdot a)$之间，不同林分类型从大到小的顺序为：楠木>楝树>樟木>竹林>檫木>相思>枫香>针阔混>木荷>柳杉>柏木>其他软阔类>阔叶混>油杉>针叶混>经济林>其他硬阔类>木麻黄>栎类>铁杉>冷杉>椴树>灌木林>桉树>水杉>思茅松>马尾松>其他杉类>华山松>桦木>柳树>榆树>高山松>黑松>杉木>杨树>泡桐>樟子松>池杉>赤松>云南松>其他松类>油松>红松>云杉>落叶松>水、胡、黄>国外松>紫杉。

(2) 保育土壤功能：固土指标位于3.47～48.98 $t/(hm^2 \cdot a)$之间，不同林分类型从大到小的顺序为：紫杉>高山松>冷杉>云南松>油杉>思茅松>云杉>铁杉>红松>楠木>柏木>

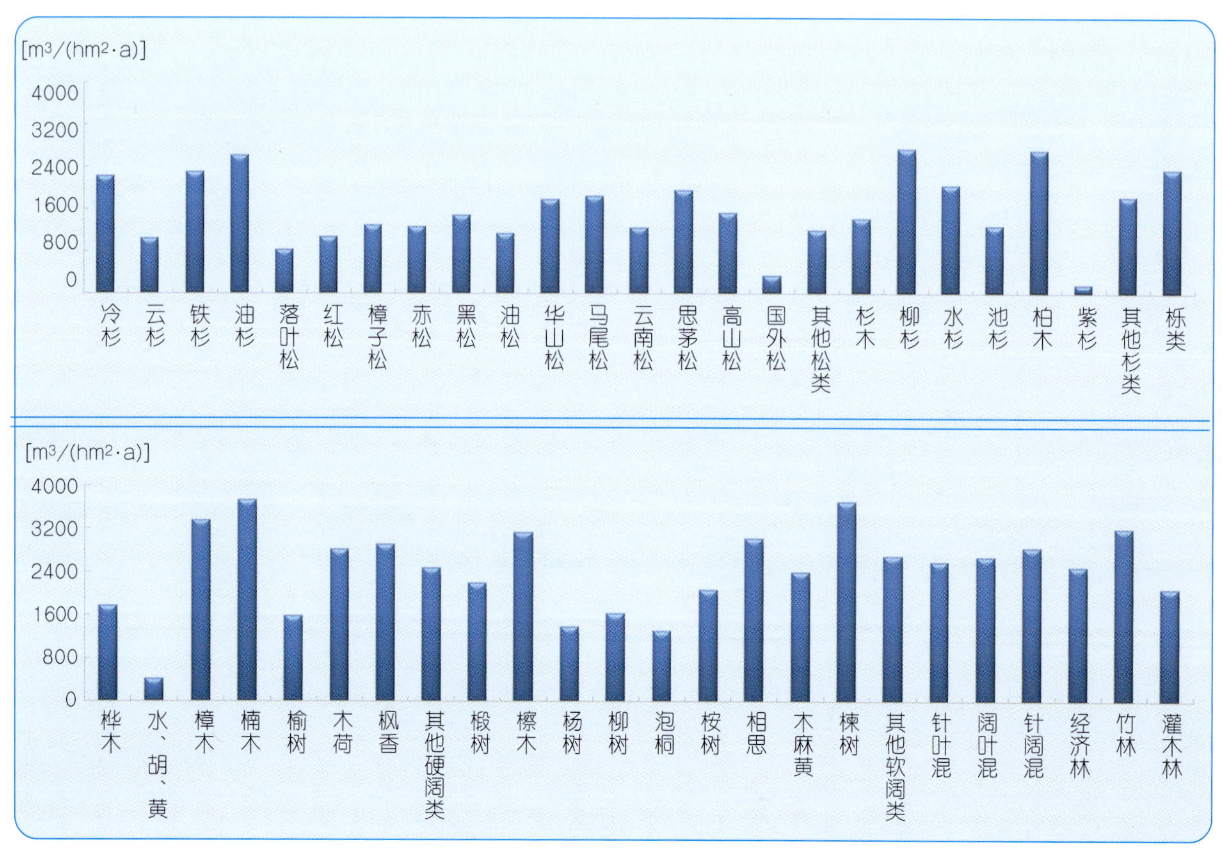

图3-10 不同林分类型涵养水源单位面积功能分布图

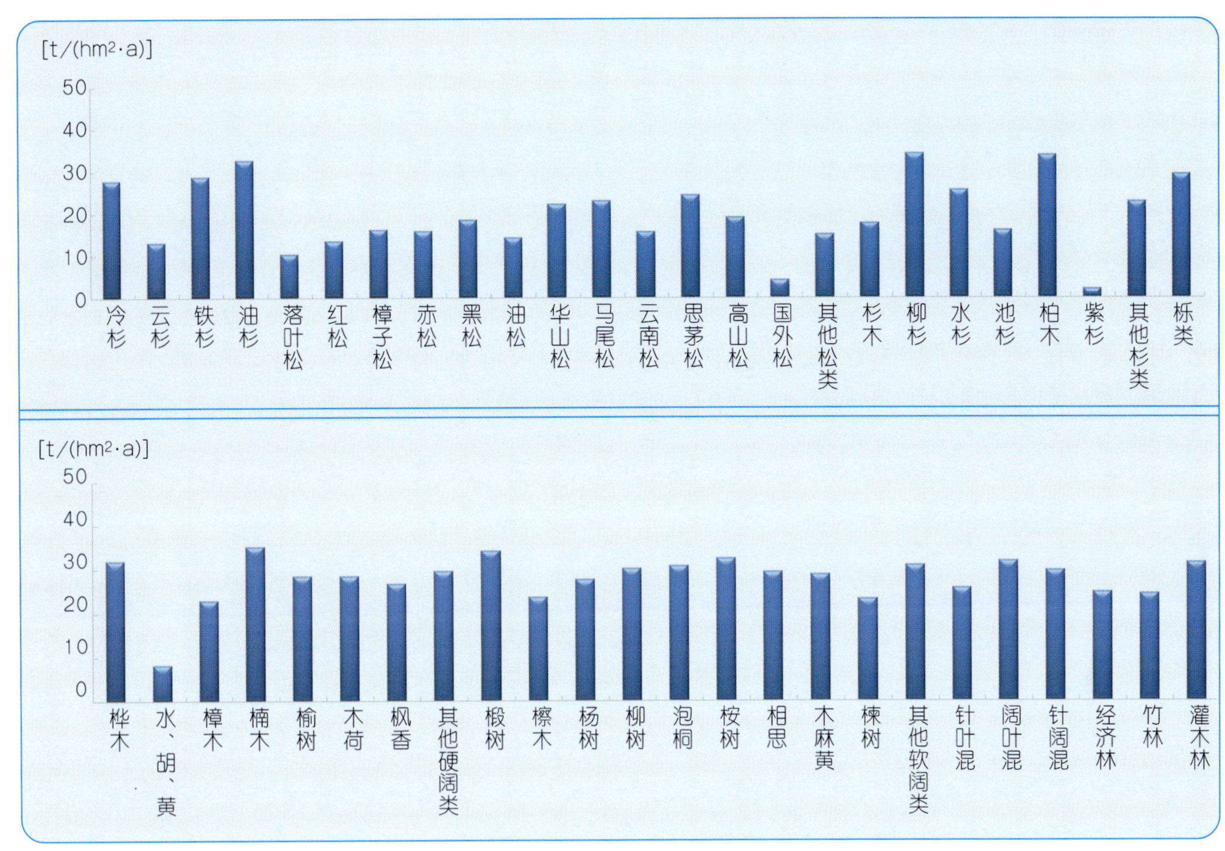

图3-11　不同林分类型固土单位面积功能分布图

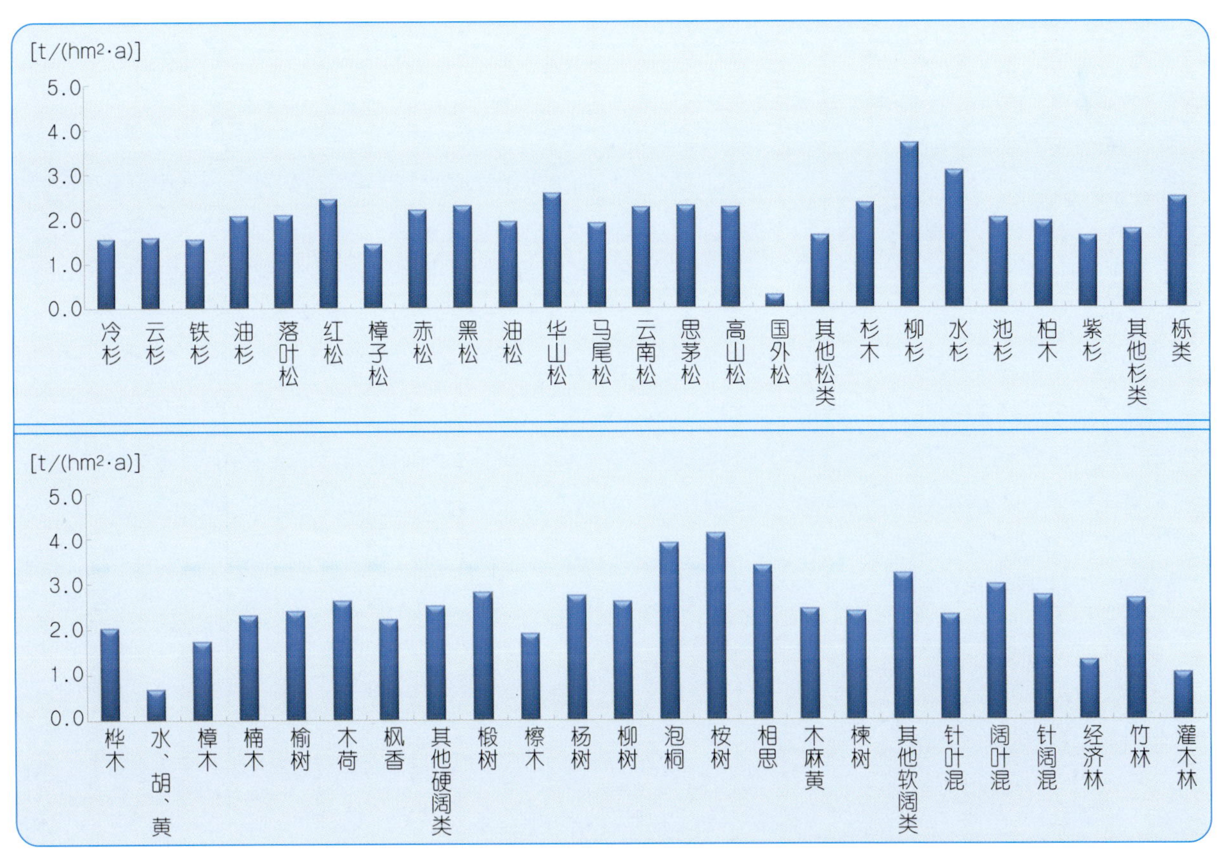

图3-12　不同林分类型固碳单位面积功能分布图

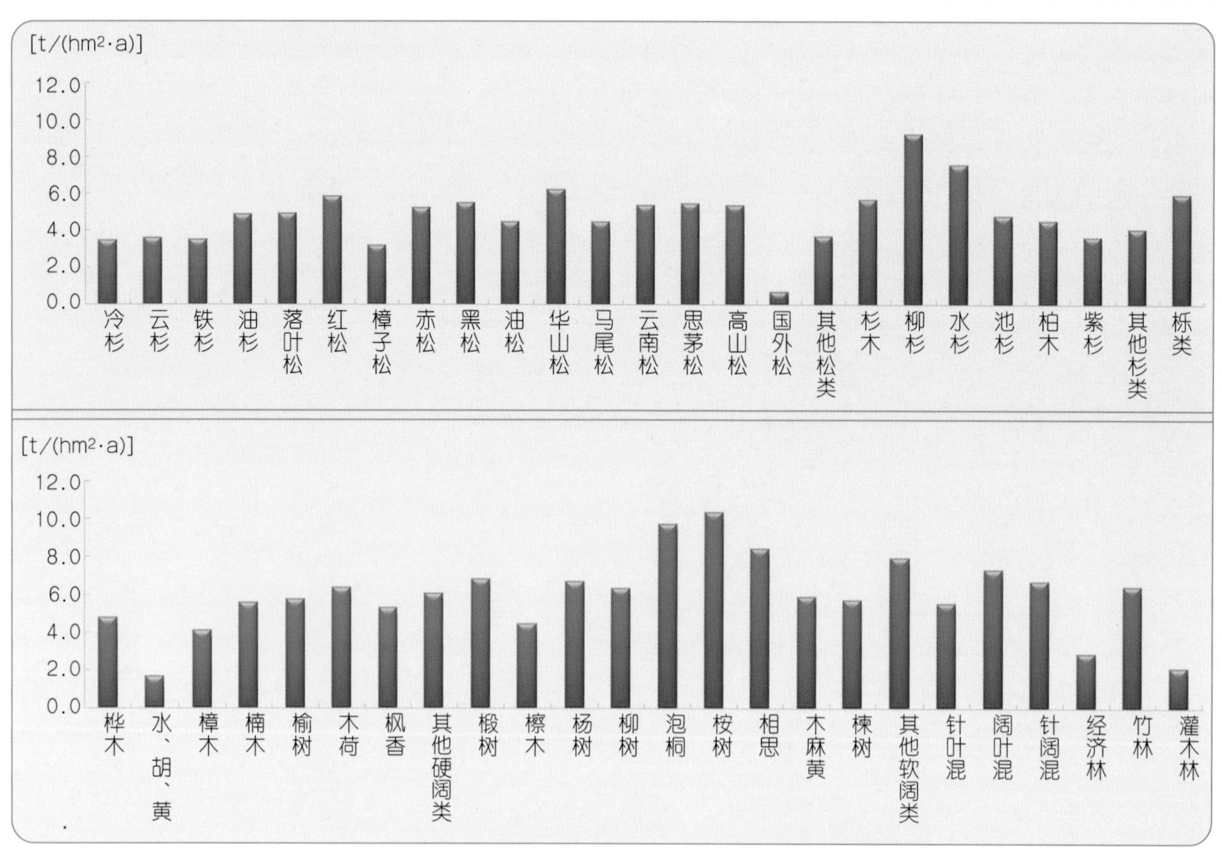

图3-13　不同林分类型释氧单位面积功能分布图

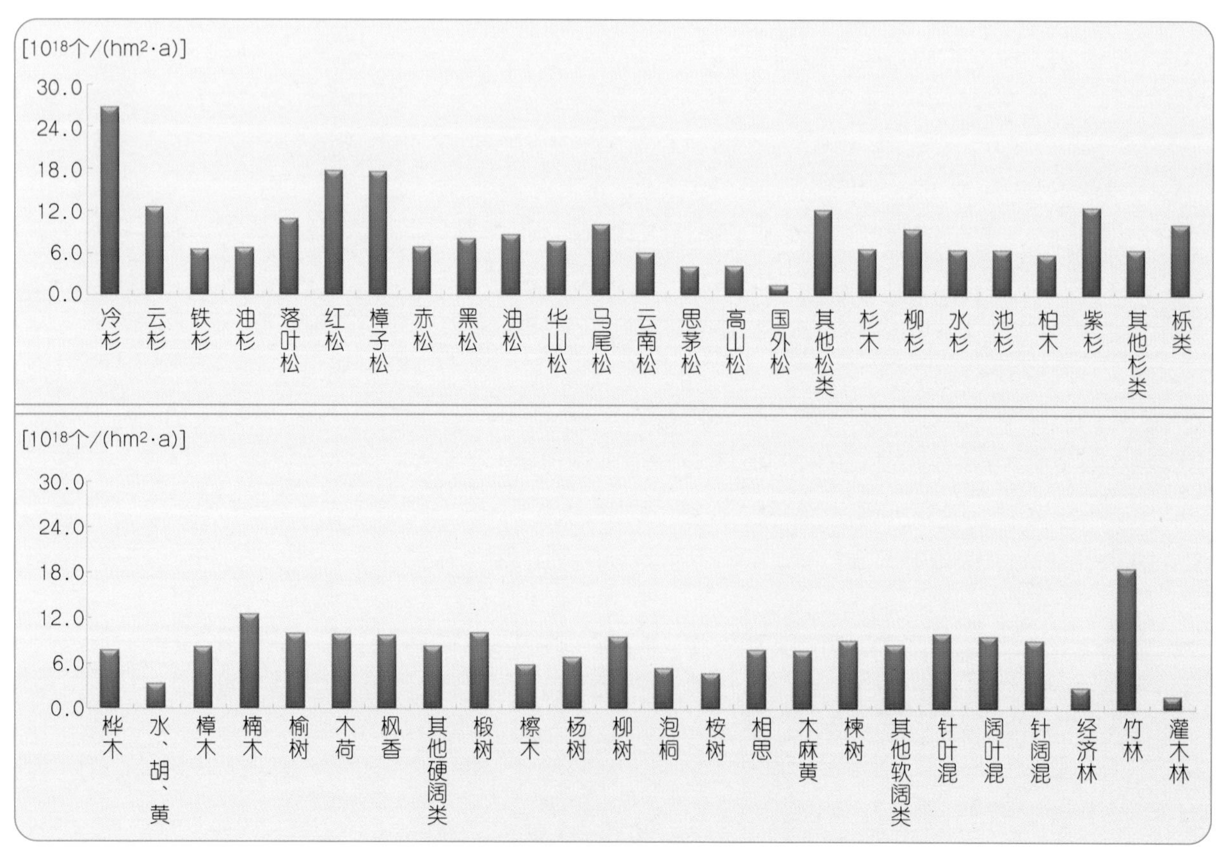

图3-14　不同林分类型提供负离子单位面积功能分布图

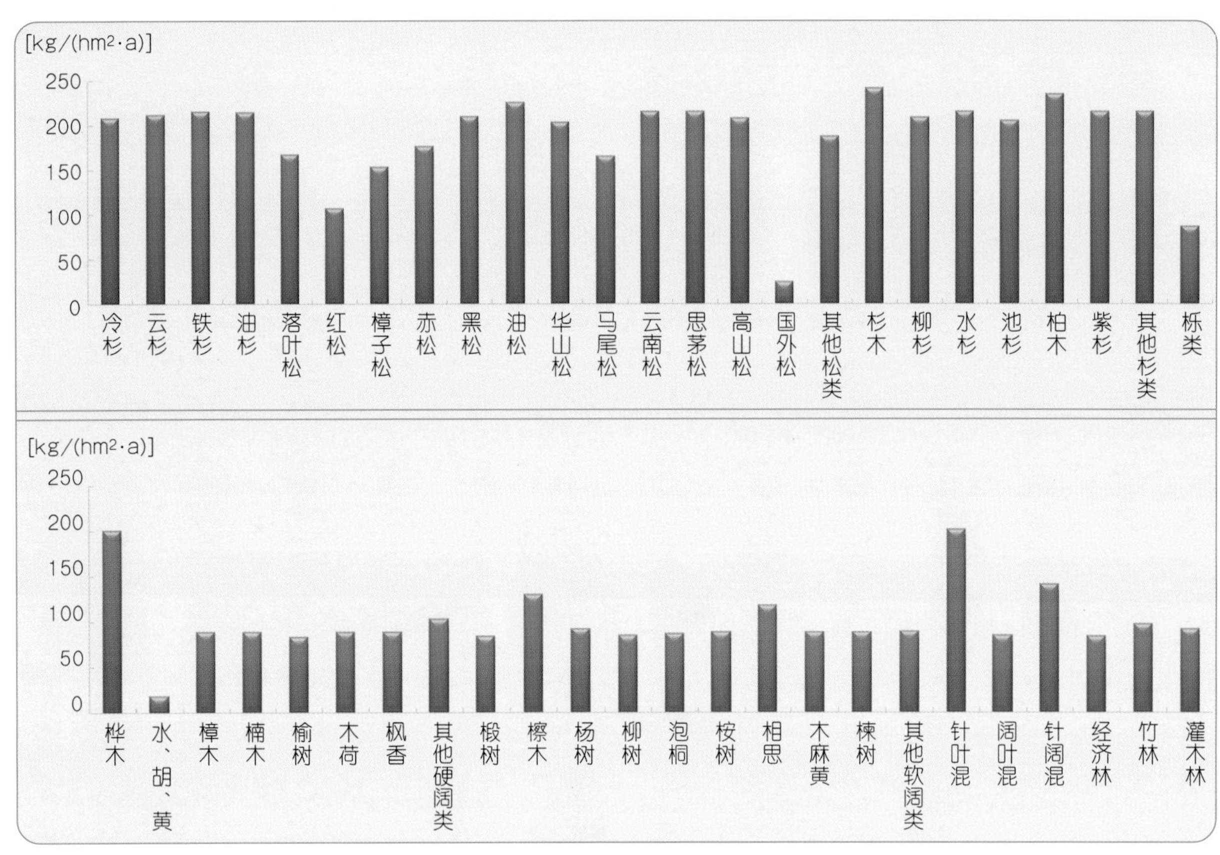

图3–15　不同林分类型吸收二氧化硫单位面积功能分布图

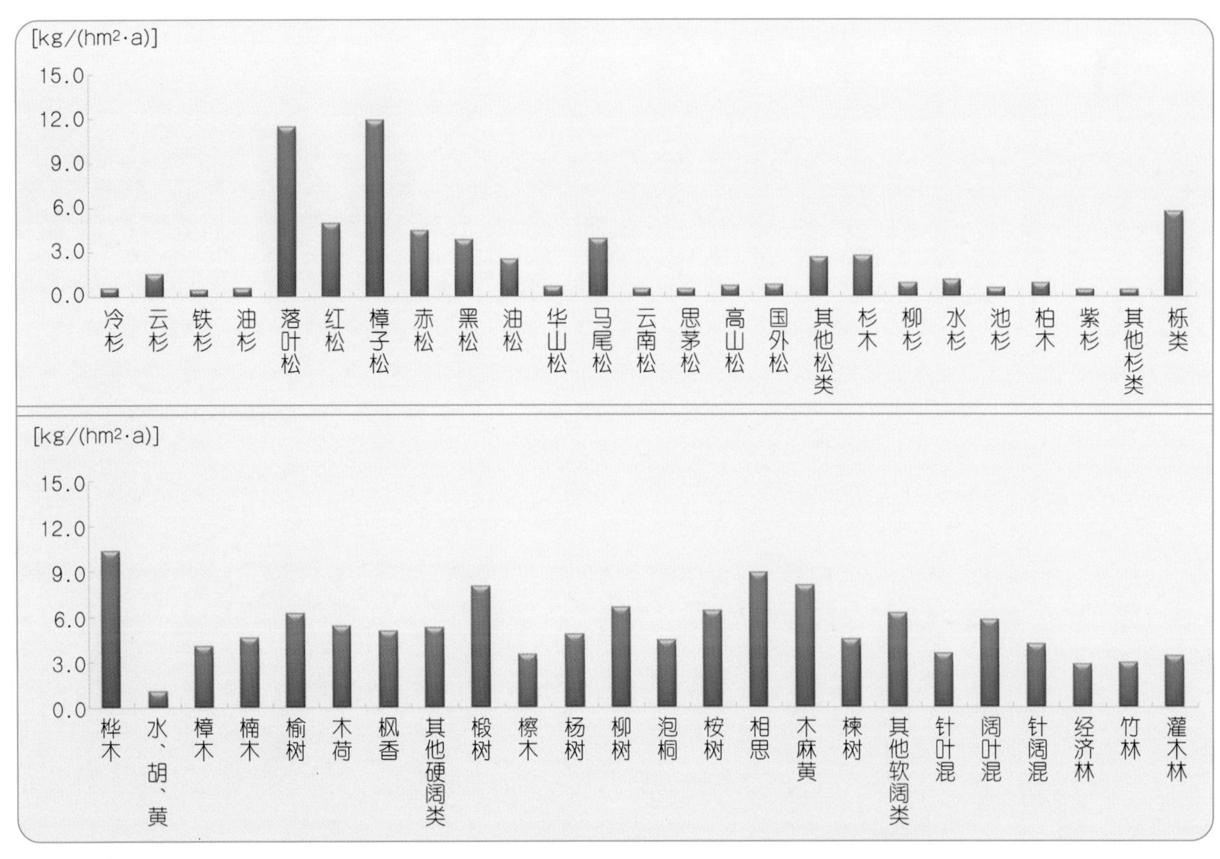

图3–16　不同林分类型吸收氟化物单位面积功能分布图

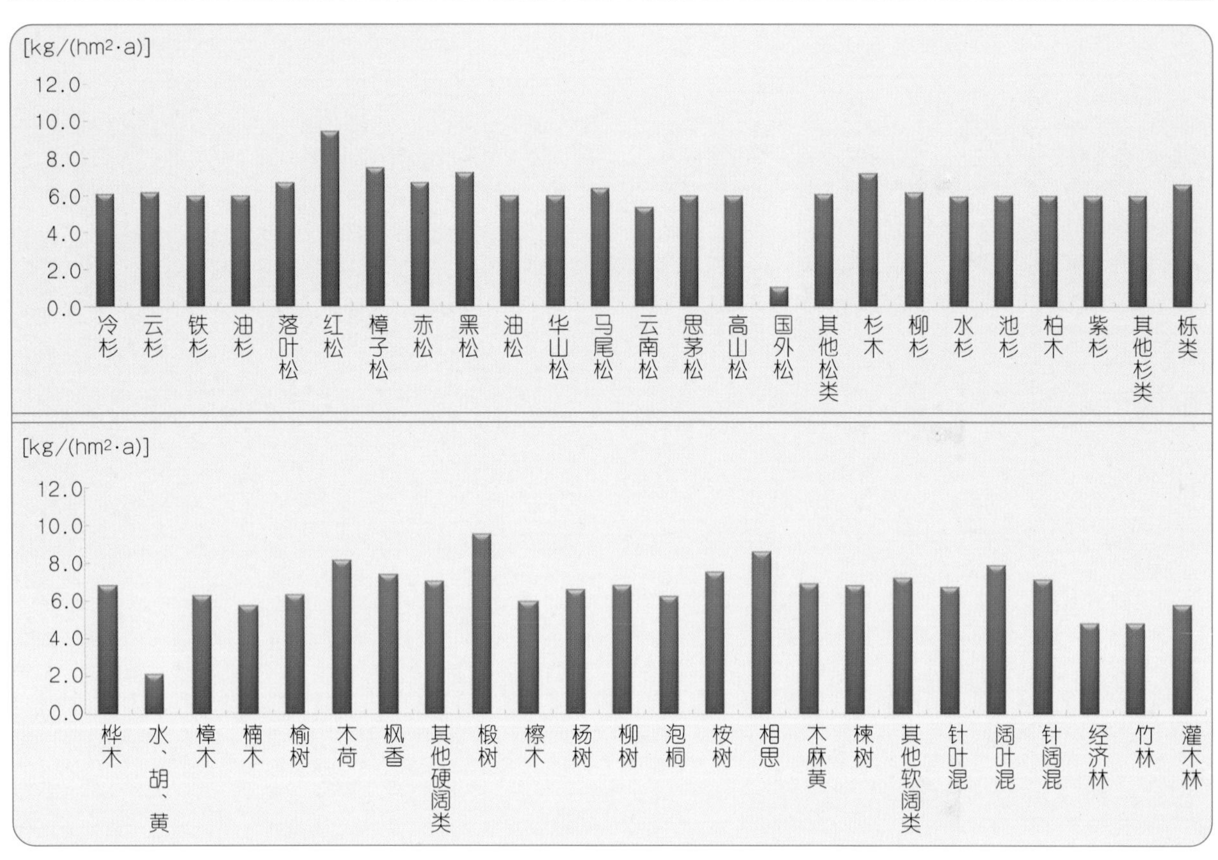

图3-17　不同林分类型吸收氮氧化物单位面积功能分布图

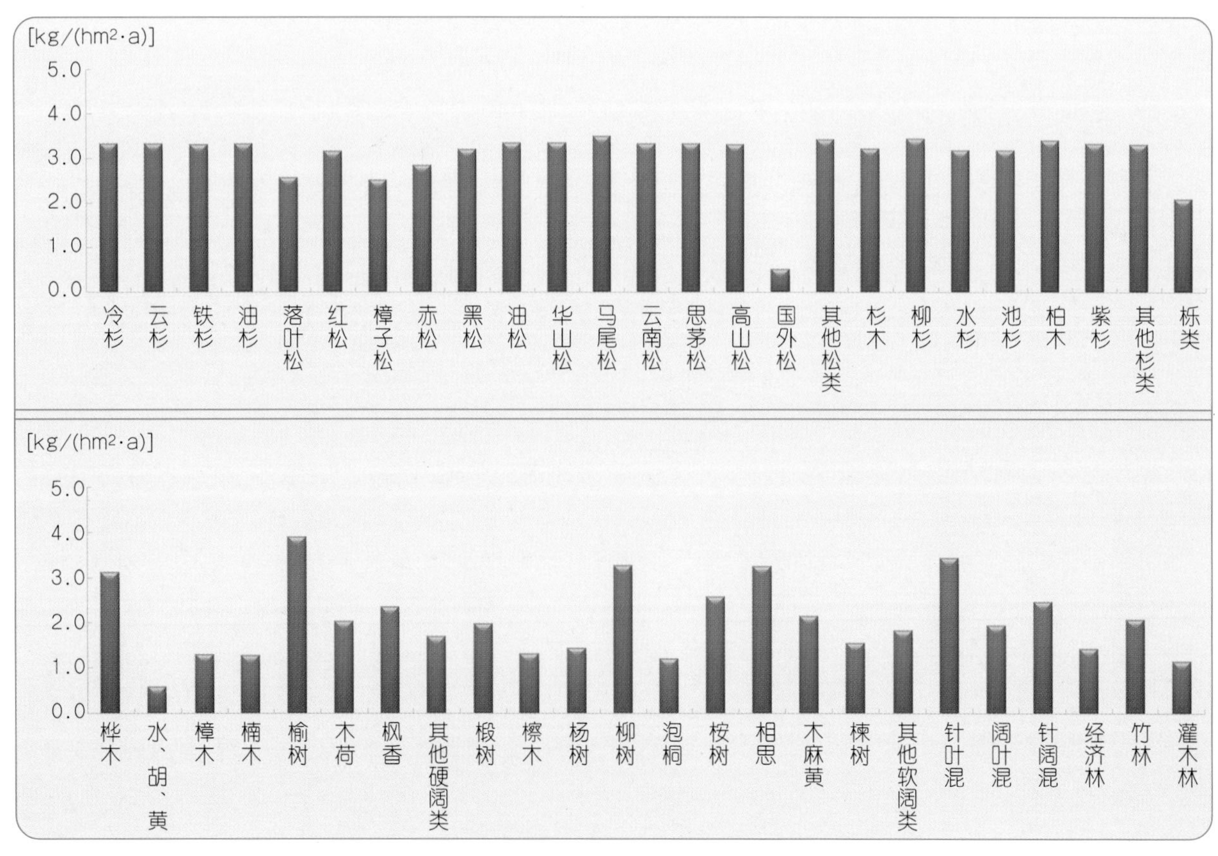

图3-18　不同林分类型滞尘单位面积功能分布图

其他杉类>其他松类>椴树>柳杉>华山松>桉树>栎类>桦木>阔叶混>灌木林>其他软阔类>泡桐>柳树>针阔混>其他硬阔类>油松>木麻黄>榆树>木荷>樟子松>杨树>枫香>落叶松>针叶混>经济林>马尾松>竹林>杉木>檫木>楝树>樟木>水杉>黑松>赤松>池杉>水、胡、黄>国外松。

保肥指标中，减少土壤中N损失量位于0.0036～0.093 t/(hm^2·a)之间，不同林分类型从大到小的顺序为：紫杉>椴树>云杉>针阔混>柳树>落叶松>栎类>红松>冷杉>阔叶混>竹林>榆树>池杉>楠木>桦木>枫香>泡桐>油松>杨树>其他硬阔类>木荷>楝树>杉木>高山松>其他松类>经济林>灌木林>柏木>其他软阔类>桉树>华山松>樟木>针叶混>铁杉>水杉>柳杉>相思>其他杉类>赤松>木麻黄>黑松>马尾松>云南松>檫木>思茅松>水、胡、黄>油杉>樟子松>国外松。

减少土壤中P损失量位于0.0021～0.16 t/(hm^2·a)之间，不同林分类型从大到小的顺序为：红松>华山松>针叶混>椴树>阔叶混>针阔混>杉木>紫杉>黑松>落叶松>油杉>云南松>桦木>柳树>柳杉>马尾松>思茅松>竹林>高山松>云杉>楠木>栎类>榆树>灌木林>经济林>杨树>油松>其他松类>柏木>樟木>木麻黄>其他软阔类>桉树>其他硬阔类>木荷>檫木>冷杉>泡桐>枫香>水、胡、黄>樟子松>水杉>相思>赤松>楝树>铁杉>其他杉类>池杉>国外松。

减少土壤中K损失量位于0.07～0.81 t/(hm^2·a)之间，不同林分类型从大到小的顺序为：红松>高山松>紫杉>桦木>冷杉>椴树>油杉>柏木>其他松类>相思>柳树>阔叶混>其他硬阔类>栎类>木荷>榆树>灌木林>云南松>枫香>云杉>铁杉>楠木>针阔混>华山松>杨树>其他杉类>油松>黑松>思茅松>针叶混>马尾松>檫木>桉树>木麻黄>柳杉>其他软阔类>杉木>竹林>水杉>落叶松>经济林>楝树>樟木>泡桐>樟子松>池杉>赤松>水、胡、黄>国外松。

减少土壤中有机质损失量位于0.07～2.28 t/(hm^2·a)之间，不同林分类型从大到小的顺序为：紫杉>铁杉>其他杉类>红松>云杉>华山松>落叶松>冷杉>椴树>榆树>柳树>楝树>其他松类>油松>杨树>栎类>针阔混>高山松>其他硬阔类>桦木>阔叶混>泡桐>木荷>樟子松>针叶混>桉树>其他软阔类>灌木林>楠木>经济林>柳杉>枫香>云南松>樟木>黑松>马尾松>柏木>竹林>水杉>赤松>杉木>油杉>檫木>相思>木麻黄>池杉>思茅松>水、胡、黄>国外松。

（3）固碳释氧功能：固碳指标位于0.29～4.10 t/(hm^2·a)之间，不同林分类型从大到小的顺序为：桉树>泡桐>柳杉>相思>其他软阔类>水杉>阔叶混>椴树>针阔混>杨树>竹林>木荷>柳树>华山松>其他硬阔类>栎类>木麻黄>红松>榆树>楝树>杉木>楠木>针叶混>黑松>思茅松>高山松>云南松>枫香>赤松>落叶松>油杉>桦木>池杉>柏木>油松>马尾松>檫木>其他杉类>樟木>其他松类>紫杉>云杉>铁杉>冷杉>樟子松>经济林>灌木林>水、胡、黄>国外松。

释氧指标位于0.69~10.32 t/(hm^2·a)之间，不同林分类型从大到小的顺序为：桉树>泡桐>柳杉>相思>其他软阔类>水杉>阔叶混>椴树>针阔混>杨树>竹林>木荷>柳树>华山松>其他硬阔类>栎类>木麻黄>红松>榆树>楝树>杉木>楠木>针叶混>黑松>思茅松>高山松>云南松>枫香>赤松>落叶松>油杉>池杉>桦木>柏木>油松>檫木>马尾松>樟木>其他杉类>其他松类>紫杉>云杉>铁杉>冷杉>樟子松>经济林>灌木林>水、胡、黄>国外松。

（4）积累营养物质功能：林木积累N量位于5.95~92.50 kg/(hm^2·a)之间，不同林分类型从大到小的顺序为：椴树>桦木>阔叶混>相思>柳树>榆树>杨树>泡桐>水杉>其他硬阔类>红松>落叶松>其他软阔类>檫木>栎类>木荷>针阔混>黑松>木麻黄>枫香>柳杉>针叶混>赤松>杉木>楝树>油松>桉树>竹林>樟木>樟子松>马尾松>云杉>水、胡、黄>经济林>高山松>其他松类>紫杉>灌木林>池杉>华山松>其他杉类>柏木>冷杉>铁杉>思茅松>油杉>楠木>云南松>国外松。

林木积累P量位于0.52~18.00 kg/(hm^2·a)之间，不同林分类型从大到小的顺序为：木荷>水杉>樟木>落叶松>枫香>栎类>桦木>柳杉>椴树>油松>杨树>楠木>阔叶混>其他软阔类>云南松>针叶混>竹林>思茅松>柳树>高山松>榆树>泡桐>华山松>针阔混>其他硬阔类>柏木>其他松类>油杉>檫木>桉树>杉木>云杉>马尾松>紫杉>经济林>相思>木麻黄>楝树>冷杉>其他杉类>黑松>铁杉>灌木林>池杉>赤松>樟子松>水、胡、黄>红松>国外松。

林木积累K量位于2.55~54.41 kg/(hm^2·a)之间，不同林分类型从大到小的顺序为：椴树>杨树>水杉>榆树>樟子松>泡桐>阔叶混>桦木>木荷>柳树>落叶松>枫香>樟木>其他软阔类>竹林>栎类>针阔混>檫木>木麻黄>柳杉>相思>杉木>楝树>针叶混>其他硬阔类>黑松>桉树>马尾松>油松>经济林>云杉>其他杉类>高山松>楠木>华山松>思茅松>柏木>铁杉>灌木林>池杉>油杉>冷杉>紫杉>红松>云南松>赤松>其他松类>水、胡、黄>国外松。

（5）净化大气环境功能：森林提供负离子指标位于1.45×10^{18}~26.76×10^{18}个/(hm^2·

a)之间，不同林分类型从大到小的顺序为：冷杉>竹林>红松>樟子松>云杉>紫杉>楠木>其他松类>落叶松>栎类>马尾松>椴树>针叶混>榆树>木荷>枫香>阔叶混>柳树>柳杉>楝树>针阔混>油松>其他软阔类>其他硬阔类>樟木>黑松>相思>桦木>华山松>木麻黄>赤松>杨树>油杉>杉木>其他杉类>铁杉>池杉>水杉>云南松>柏木>檫木>泡桐>桉树>高山松>思茅松>水、胡、黄>经济林>灌木林>国外松。

吸收污染物指标中，吸收二氧化硫位于18.43～241.15 kg/(hm^2·a)之间，不同林分类型从大到小的顺序为：杉木>柏木>油松>紫杉>水杉>其他杉类>铁杉>思茅松>云南松>油杉>云杉>黑松>柳杉>冷杉>高山松>池杉>华山松>针叶混>桦木>其他松类>赤松>落叶松>马尾松>樟子松>针阔混>檫木>相思>红松>其他硬阔类>竹林>杨树>灌木林>其他软阔类>楝树>木荷>木麻黄>樟木>楠木>枫香>桉树>栎类>泡桐>阔叶混>柳树>椴树>经济林>榆树>国外松>水、胡、黄。

吸收氟化物位于0.50～11.94 kg/(hm^2·a)之间，不同林分类型从大到小的顺序为：樟子松>落叶松>桦木>相思>木麻黄>椴树>柳树>桉树>其他软阔类>榆树>阔叶混>栎类>木荷>其他硬阔类>枫香>红松>杨树>楠木>楝树>赤松>泡桐>针阔混>樟木>马尾松>黑松>针叶混>檫木>灌木林>竹林>经济林>杉木>其他松类>油松>云杉>水杉>水、胡、黄>柏木>柳杉>国外松>高山松>华山松>池杉>冷杉>油杉>云南松>思茅松>铁杉>紫杉>其他杉类。

吸收氮氧化物位于1.03～9.56 kg/(hm^2·a)之间，不同林分类型从大到小的顺序为：椴树>红松>相思>木荷>阔叶混>桉树>樟子松>枫香>其他软阔类>黑松>杉木>针阔混>其他硬阔类>木麻黄>柳树>桦木>楝树>针叶混>赤松>落叶松>栎类>杨树>马尾松>榆树>樟木>泡桐>柳杉>云杉>其他松类>冷杉>华山松>油杉>油松>思茅松>高山松>紫杉>其他杉类>檫木>铁杉>池杉>柏木>水杉>灌木林>楠木>云南松>经济林>竹林>水、胡、黄>国外松。

滞尘指标位于0.51万～3.90 万kg/(hm^2·a)之间，不同林分类型从大到小的顺序为：榆树>马尾松>柳杉>针叶混>其他松类>柏木>华山松>油松>油杉>云南松>思茅松>紫杉>冷杉>云杉>铁杉>高山松>其他杉类>柳树>相思>杉木>黑松>池杉>水杉>红松>桦木>赤松>桉树>落叶松>樟子松>针阔混>枫香>木麻黄>栎类>竹林>木荷>椴树>阔叶混>其他软阔类>其他硬阔类>楝树>杨树>经济林>檫木>樟木>楠木>泡桐>灌木林>水、胡、黄>国外松。

从不同林分类型单位面积涵养水源量上看，影响其大小的主要因子是林分组成情况，总体趋势是：混交林>纯林；阔叶树>针叶树；南方树种>北方树种；常绿树种>落叶树种。楠木、檫木、樟树等为常绿阔叶林主要树种，所以在我国所有的林分类型中，常绿阔叶林单位面积涵养水源量最大。

从不同林分类型单位面积固土量上看，常绿树种＞落叶树种，其原因为常绿树种生长期长，枯枝落叶层量四季变化幅度不大，能够长期覆盖地面，具有良好的防止溅蚀和片蚀。但在针叶树、阔叶树和纯林之间并未表现出较大差别。

从不同林分类型单位面积减少土壤的N、P、K损失量上看，北方树种＞南方树种；阔叶树＞针叶树；混交林＞纯林。这与北方比南方森林水土保持效果更为明显的研究结果基本一致。

从不同林分类型单位面积固碳量上看，生长速度快的树种，净生产力大，固碳量也高，如桉树、泡桐、柳杉等等，表明速生树种在吸收CO_2方面具有较大潜力，应引起足够重视。总体趋势为：速生树种＞普通树种；南方树种＞北方树种。在混交林与纯林间，针叶树与阔叶树间未表现较大差异。单位面积释氧量趋势与之一致。

从不同林分类型单位面积林木积累营养物质量上看，积累营养物质量与速生树种关系不大，而与阔叶还是针叶有关，阔叶树在这方面表现出了明显优势。总体趋势为：阔叶树＞针叶树；混交林＞纯林；北方树种＞南方树种。

从不同林分类型单位面积提供负离子量上看，影响其大小的因子较为复杂，与树种和林分高度有关。总体趋势为：混交林＞纯林，与是否在南北方、针阔叶树种、速生与否关系不大。

从不同林分类型单位面积吸收污染物量上看，针叶树＞阔叶树，与是否速生、南北方、混交等关系较小，说明吸收污染物与叶片大小没有直接关系，而与树种吸收和利用及转化污染物的特性关系密切。

第四章

森林生态服务功能价值量评估

中国森林生态服务功能评估包括价值量和物质量两部分，其价值量评估结果如下：

一、总价值和单位面积价值

根据上述评估指标体系及其计算方法，得出第七次全国森林资源清查期间（2004～2008）中国森林生态系统服务功能总价值为10.01万亿元/a（其中灌木林生态服务功能价值为1.80万亿元/a），每公顷森林提供的价值平均为4.26万元/a（其中每公顷灌木林提供的价值平均为3.35万元/a），中国森林生态系统服务功能总价值和单位面积价值分布分别见表4-1和图4-1、图4-2。

研究表明，第七次全国森林资源清查期间（2004～2008）中国森林生态系统服务功能单位面积价值位于1.61万～6.26万元/($hm^2 \cdot a$)之间，单位面积价值较高的区域主要集中在华南地区，呈现南部森林区域高，自华南到华北、自东北到华北、自东向西逐步降低的空间格局。

单位面积价值最高的区域集中在天然林较集中的热带雨林和季雨林地区，这里的生物多样性丰富，林分净生产力高，固碳能力强，主要包括海南、广东、广西等省（自治区）。

单位面积价值较高的区域是亚热带地区，这些地方水热条件好，森林在遭受一定程度干扰破坏后恢复速度快，是我国人工林发展的重点区域，生物多样性较为丰富，林分净生产力较高，主要包括江西、四川、云南、福建等省。

位于第三位的区域是温带、寒温带的东北地区和青藏高原周边的西南地区，由于气候原因，生物多样性较低，林分净生产力处于中等水平，主要包括浙江、重庆、江苏、湖北、湖南、安徽、黑龙江、贵州、辽宁、吉林等省（直辖市）。

表4-1 分省份森林生态系统服务功能价值量评估表

省(自治区、直辖市)	涵养水源(亿元/a)	保育土壤(亿元/a)	固碳释氧(亿元/a)	积累营养物质(亿元/a)	净化大气环境(亿元/a)	生物多样性保护(亿元/a)	总价值(亿元/a)
全国总计	**40574.30**	**9920.57**	**15593.55**	**2077.06**	**7931.90**	**24050.23**	**100147.61**
北　京	87.44	12.63	53.23	10.87	18.67	52.56	235.40
天　津	7.47	1.52	6.84	1.59	2.11	6.58	26.11
河　北	760.99	70.98	335.38	66.72	100.02	264.00	1598.09
山　西	338.28	217.11	168.58	25.26	82.00	222.71	1053.95
内蒙古	2249.58	1005.00	1334.16	361.82	1097.15	1108.91	7156.61
辽　宁	716.03	332.83	420.64	61.88	123.60	618.57	2273.55
吉　林	939.76	424.41	574.46	89.46	287.18	766.05	3081.32
黑龙江	3161.11	1248.00	1777.29	314.83	699.76	1378.19	8579.18
上　海	7.39	1.52	4.38	2.01	1.30	6.49	23.09
江　苏	245.73	25.95	78.06	41.17	20.65	94.52	506.08
浙　江	1125.48	452.90	383.52	106.28	248.90	720.07	3037.16
安　徽	512.24	242.50	238.49	83.35	155.00	523.16	1754.73
福　建	1639.59	325.52	492.46	38.53	301.78	1177.98	3975.86
江　西	2976.96	162.91	878.40	161.34	336.82	697.16	5213.59
山　东	475.95	31.54	215.42	29.82	54.90	128.19	935.82
河　南	557.13	111.09	248.14	11.40	78.42	295.97	1302.15
湖　北	1368.05	184.62	387.83	23.05	212.14	1107.44	3283.13
湖　南	2443.73	197.93	141.59	13.16	364.13	1684.19	4844.73
广　东	2133.03	380.48	992.35	85.88	550.56	1403.44	5545.73
广　西	3208.26	455.92	1423.55	105.54	664.60	1882.34	7740.20
海　南	543.90	44.79	118.97	20.82	30.95	367.17	1126.59
重　庆	418.27	180.87	224.88	13.37	106.89	595.32	1539.60
四　川	5492.23	874.88	1215.91	71.63	626.32	2309.51	10590.48
贵　州	628.74	229.49	369.92	21.19	187.75	1078.02	2515.11
云　南	4266.17	893.31	1680.72	139.91	579.33	2697.77	10257.22
西　藏	1735.56	1050.63	841.38	68.60	468.76	1315.50	5480.44
陕　西	871.80	227.69	413.70	33.18	183.82	954.29	2684.48
甘　肃	814.69	380.81	250.70	23.76	118.65	213.75	1802.37
青　海	354.37	94.46	100.02	8.32	68.28	135.80	761.25
宁　夏	74.87	29.60	17.11	1.52	11.62	18.62	153.33
新　疆	419.51	28.67	205.48	40.78	149.85	225.97	1070.25

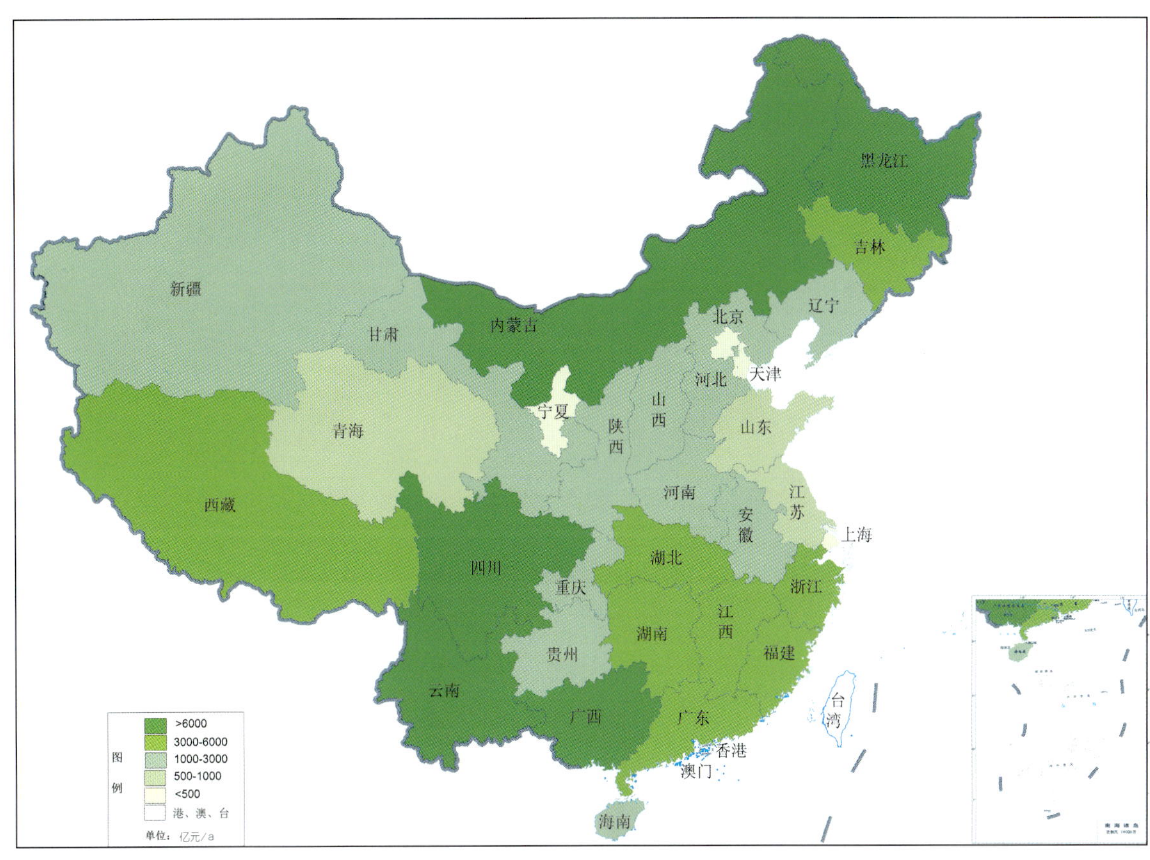

图4-1　中国森林生态系统服务功能总价值图

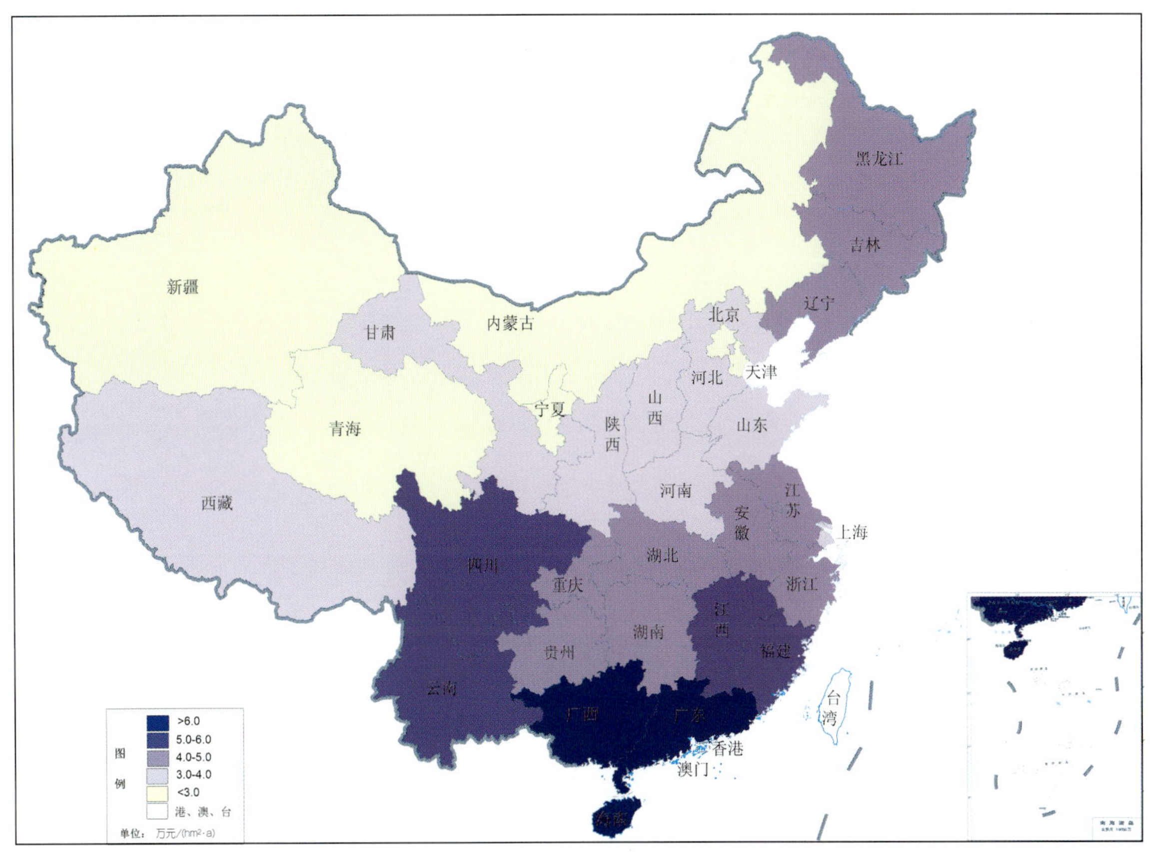

图4-2　中国森林生态系统服务功能单位面积价值图

单位面积价值位于第四位的区域是暖温带地区，这里人口密集，森林覆盖率较低，人为干扰比较严重，森林质量较差，生物多样性和林分净生产力较低，主要包括上海、山东、河北、河南、西藏、山西、甘肃、陕西等省(自治区、直辖市)。

单位面积价值位于第五位的区域是部分华北地区和西北半干旱干旱地区，华北地区人口密集，人为干扰比较严重，森林覆盖率低，森林质量较差；西北半干旱干旱地区降水量低，蒸发量大，林木生长慢，生物多样性和林分净生产力处于较低水平，仅在部分水分条件较好地区，如绿洲、高山附近等，林分状况较好，主要包括内蒙古、宁夏、北京、天津、青海、新疆等省(自治区、直辖市)。

第七次全国森林资源清查期间(2004～2008)中国森林生态系统服务功能总价值量所占比

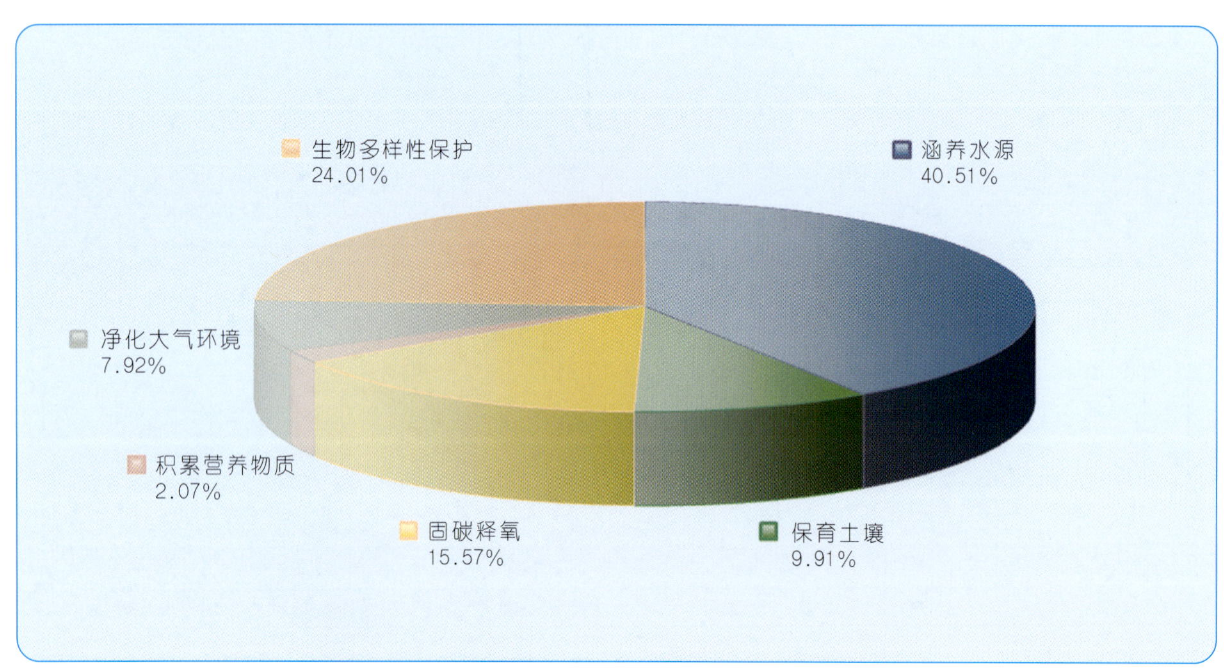

图4-3 中国森林生态系统服务功能价值量分布图

例如图4-3。可以看出，涵养水源价值最大(4.06万亿元/a)，占总价值的40.51%；生物多样性保护价值次之(2.41万亿元/a)，占总价值的24.01%；固碳释氧价值处于第三位(1.56万亿元/a)，占总价值的15.57%；保育土壤价值位于第四位(0.99万亿元/a)，占总价值的9.91%；净化大气环境价值列第五位(0.79万亿元/a)，占总价值的7.92%；积累营养物质价值最小(0.21万亿元/a)，仅占总价值的2.07%。

二、价值量分布格局

第七次全国森林资源清查期间(2004～2008),全国31个省(自治区、直辖市)的森林生态系统服务功能总价值及排序情况见表4-2。其中四川省最大,其次为云南、黑龙江、广西、内蒙古、广东、西藏、江西、湖南、福建等,排在最后五位的分别是江苏、北京、宁夏、天津和上海。

表4-2 中国森林生态系统服务功能总价值及其排序表

排 序	省(自治区、直辖市)	价值(亿元/a)	比 例(%)
1	四 川	10590.48	10.57
2	云 南	10257.22	10.24
3	黑龙江	8579.18	8.57
4	广 西	7740.20	7.73
5	内蒙古	7156.61	7.15
6	广 东	5545.73	5.54
7	西 藏	5480.44	5.47
8	江 西	5213.59	5.21
9	湖 南	4844.73	4.84
10	福 建	3975.86	3.97
11	湖 北	3283.13	3.28
12	吉 林	3081.32	3.08
13	浙 江	3037.16	3.03
14	陕 西	2684.48	2.68
15	贵 州	2515.11	2.51
16	辽 宁	2273.55	2.27
17	甘 肃	1802.37	1.80
18	安 徽	1754.73	1.75
19	河 北	1598.09	1.60
20	重 庆	1539.60	1.54
21	河 南	1302.15	1.30
22	海 南	1126.59	1.12
23	新 疆	1070.25	1.07
24	山 西	1053.95	1.05
25	山 东	935.82	0.93
26	青 海	761.25	0.76
27	江 苏	506.08	0.51
28	北 京	235.40	0.24
29	宁 夏	153.33	0.15
30	天 津	26.11	0.03
31	上 海	23.09	0.02
	全 国	**100147.61**	

从第七次全国森林资源清查期间(2004～2008)各省(自治区、直辖市)森林面积占全国总面积的比例上看,内蒙古自治区最大,占10.23%；四川省第二,占8.69%;云南省第三,占8.62%;黑龙江省第四,占8.23%；西藏自治区第五,占7.22%。各省(自治区、直辖市)森林生态服务功能总价值占全国总价值比例前五名的四川省、云南省、黑龙江省、广西壮族自治区、内蒙古自治区分别占10.57%、10.24%、8.57%、7.73%和7.15%。则由图4-4可以看出,各省(自治区、直

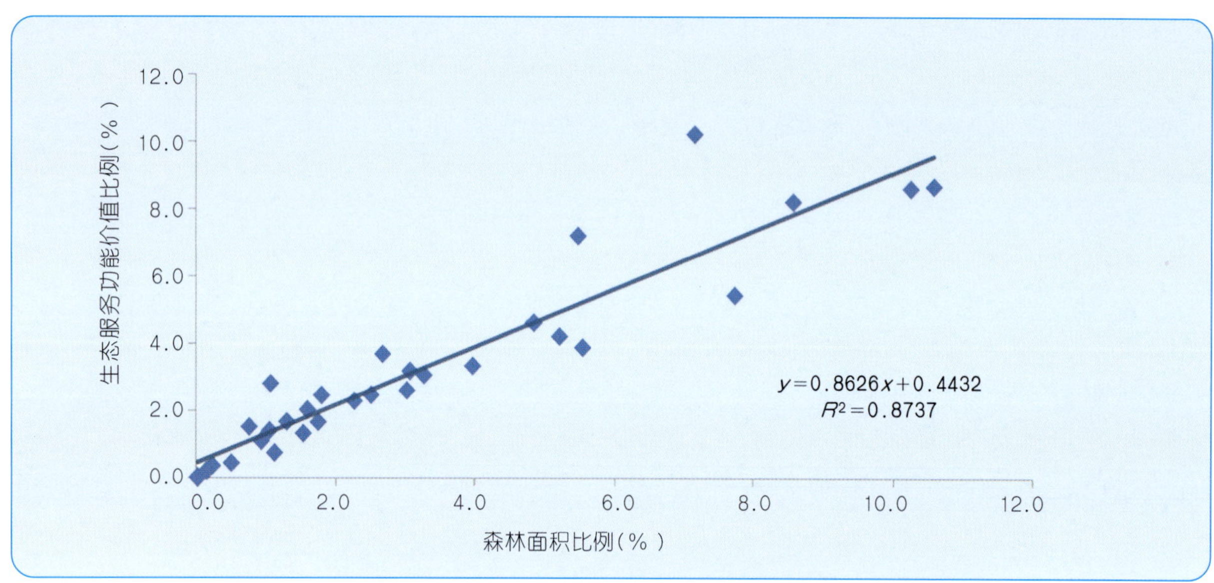

图4-4　31个省份森林生态服务功能价值与森林面积比例关系图

表4-3 中国森林生态系统服务功能年单位面积价值及其排序表

排序	省(自治区、直辖市)	单位面积价值〔万元/(hm^2·a)〕	排序	省(自治区、直辖市)	单位面积价值〔万元/(hm^2·a)〕
1	海　南	6.26	17	吉　林	4.10
2	广　东	6.05	18	上　海	3.67
3	广　西	6.05	19	山　东	3.56
4	江　西	5.25	20	河　北	3.31
5	四　川	5.19	21	河　南	3.27
6	云　南	5.06	22	西　藏	3.23
7	福　建	5.05	23	山　西	3.13
8	浙　江	4.93	24	甘　肃	3.09
9	重　庆	4.88	25	陕　西	3.08
10	江　苏	4.66	26	内蒙古	2.98
11	湖　北	4.54	27	宁　夏	2.87
12	湖　南	4.45	28	北　京	2.61
13	安　徽	4.44	29	天　津	2.33
14	黑龙江	4.44	30	青　海	2.10
15	贵　州	4.30	31	新　疆	1.61
16	辽　宁	4.19		**全　国**	**4.26**

辖市)森林生态系统服务功能总价值与森林面积有较大的相关性,相关系数达到0.8737。

第七次全国森林资源清查期间(2004～2008),全国各省(自治区、直辖市)森林生态系统服务功能单位面积价值及排序见表4-3。可以看出,处于前五名的是海南、广东、广西、江西、四川;位于后五名的是宁夏、北京、天津、青海和新疆。全国森林生态系统服务功能单位面积平均价值为4.26万元/(hm^2·a),大于平均水平的省(自治区、直辖市)有15个,小于平均水平的省(自治区、直辖市)有16个。

三、不同林分类型生态服务功能价值量

本报告中的林分类型是指《国家森林资源连续清查技术规定》的46种乔木林优势树种(组)、经济林、竹林和灌木林, 因此本报告共评估了49种林分类型的生态服务功能。

由于第七次全国森林资源清查资料不足,因此本报告中各林分类型的固碳量和固碳价值为按照《森林生态系统服务功能评估规范》(LY/T1721—2008)林业行业标准计算出的各林分类型的潜在固碳价值,未减去由于森林采伐消耗造成的碳损失。

第七次全国森林资源清查期间(2004～2008),各林分类型生态服务功能年总价值和年单位面积价值评估结果分别见表4-4和如图4-5、图4-6。 各林分类型的生态服务功能总价值位于1.41亿～17953.56亿元/a之间,排在前六位的是分别是灌木林、阔叶混、栎类、经济林、针阔混和马尾松,排在后六位的是楠木、楝树、其他杉类、檫木、池杉和紫杉。各林分类型的生态服务功能单位面积价值位于3.35万～6.19万元/(hm^2·a)之间,排在前六位的是其他软阔类、针阔混、其他硬阔类、楠木、阔叶混和针叶混。排在后六位的是赤松、樟子松、落叶松、紫杉、水、胡、黄和国外松。

各林分类型生态服务功能单位面积价值的共同特点是: 南方常绿阔叶树和混交林都排在前列,其主要原因是这些林分类型多数都是速生树种,林分净生产力、生物多样性指数都处于较高水平,因而其单位面积价值也呈现较高水平。

表4-4 各林分类型生态服务功能价值与单位面积价值比较

序号	林分类型	价值（亿元/a）	比例（%）	单位面积价值〔万元/(hm^2·a)〕
1	冷　杉	1439.71	1.96	4.63
2	云　杉	1455.51	1.98	3.38
3	铁　杉	110.21	0.15	4.73
4	油　杉	128.73	0.18	4.47
5	落叶松	3145.50	4.28	2.96
6	红　松	169.51	0.23	5.43
7	樟子松	218.08	0.30	3.10
8	赤　松	55.81	0.08	3.11
9	黑　松	69.88	0.10	4.11
10	油　松	817.81	1.11	3.43
11	华山松	363.73	0.50	4.44
12	马尾松	5076.05	6.91	4.22
13	云南松	1546.18	2.11	3.36
14	思茅松	229.01	0.31	3.83
15	高山松	715.43	0.97	4.19
16	国外松	615.39	0.84	0.63
17	其他松类	70.15	0.10	3.44
18	杉　木	4553.15	6.20	4.04
19	柳　杉	207.92	0.28	5.39
20	水　杉	29.90	0.04	4.98
21	池　杉	3.65	0.005	3.28
22	柏　木	1625.55	2.21	5.01
23	紫　杉	1.41	0.002	2.93
24	其他杉类	14.94	0.02	4.06
25	栎　类	7744.13	10.55	4.81
26	桦　木	4489.87	6.12	4.05
27	水、胡、黄	212.08	0.29	1.26
28	樟　木	59.80	0.08	5.35
29	楠　木	17.18	0.02	5.88
30	榆　树	220.04	0.30	3.98
31	木　荷	219.10	0.30	5.18
32	枫　香	125.49	0.17	5.33
33	其他硬阔类	4799.03	6.54	5.97
34	椴　树	337.05	0.46	4.89
35	檫　木	8.86	0.012	4.92
36	杨　树	3586.01	4.88	3.55
37	柳　树	176.94	0.24	4.04
38	泡　桐	38.62	0.05	3.76
39	桉　树	1225.20	1.67	4.81
40	相　思	95.64	0.13	5.46
41	木麻黄	34.56	0.05	4.65
42	楝　树	17.12	0.02	5.47
43	其他软阔类	4611.06	6.28	6.19
44	针叶混	2370.20	3.23	5.54
45	阔叶混	14676.22	19.99	5.88
46	针阔混	5688.41	7.75	6.12
47	经济林	7569.35	7.45	3.71
48	竹　林	2659.01	2.62	4.94
49	灌木林	17953.56	17.67	3.35

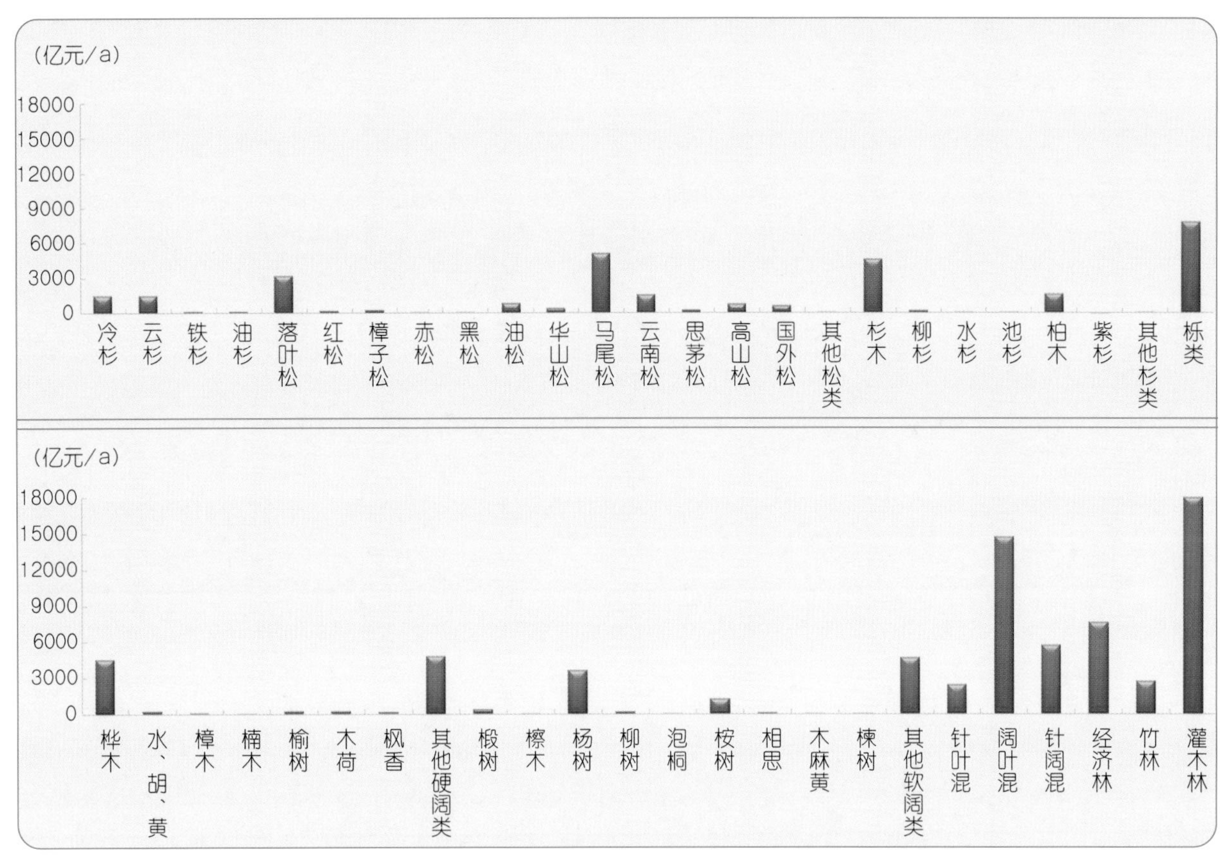

图4-5　不同林分类型生态服务功能价值量分布图

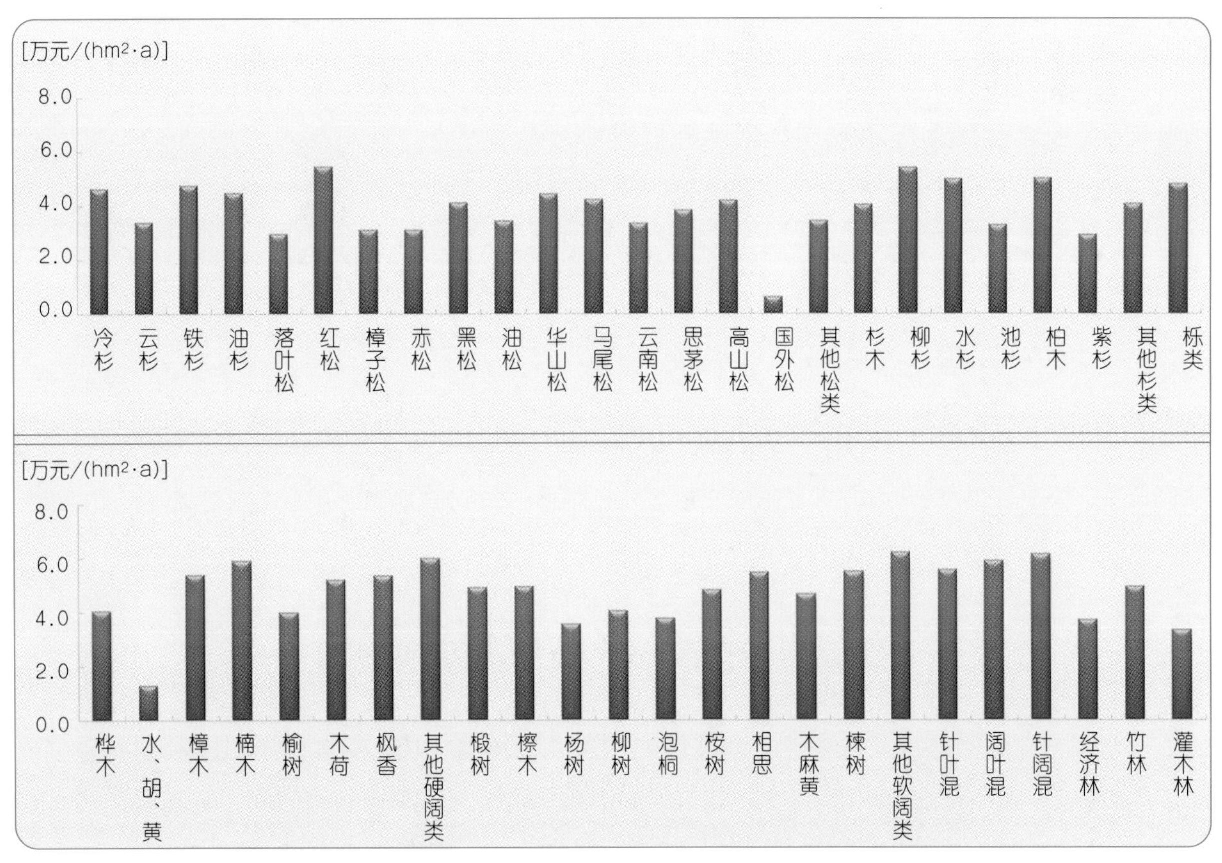

图4-6　不同林分类型生态服务功能单位面积价值量分布图

第五章

不同龄组、不同起源森林生态服务功能评估

把第七次森林资源清查数据、森林生态站长期连续定位观测数据及价格参数等数据代入林业行业标准《森林生态系统服务功能评估规范》(LY/T1721—2008)评估公式，得到不同龄组、不同起源森林生态服务功能评估结果。

由于第七次全国森林资源清查资料不足，因此本报告中各林分类型的固碳量和固碳价值为按照林业行业标准《森林生态系统服务功能评估规范》(LY/T1721—2008)计算出的各林分类型的潜在固碳量与潜在固碳价值，未减去由于森林采伐消耗造成的碳损失。

本报告评估了不同龄组杉木林和杨树林的生态服务功能。按照《国家森林资源连续清查技术规定》，杉木林和杨树林的龄组划分见下表：

树种	地区	起源	龄组划分					龄级划分
			幼龄林 1	中龄林 2	近熟林 3	成熟林 4	过熟林 5	
杉木	南方	人工	10以下	11～20	21～25	26～35	36以上	5
杨树	北方	人工	10以下	11～15	16～20	21～30	31以上	5
	南方	人工	5以下	6～10	11～15	16～25	26以上	5

一、不同龄组森林生态服务功能评估

评估结果表明，第七次森林资源清查期间(2004～2008)中国杉木林生态服务功能总价值为0.46万亿元/a。其中幼龄林生态服务功能价值为0.09万亿元/a，占19.77%；中龄林生态服务功能价值为0.21万亿元/a，占46.16%；近熟林生态服务功能价值为0.06万亿元/a，占13.34%；

成熟林生态服务功能价值为0.03万亿元/a，占7.47%；过熟林生态服务功能价值为0.06万亿元/a，占13.26%（图5-1）。杉木林不同龄级生态服务功能价值量从大到小的排序为中龄林>幼龄林>近熟林>过熟林>成熟林。

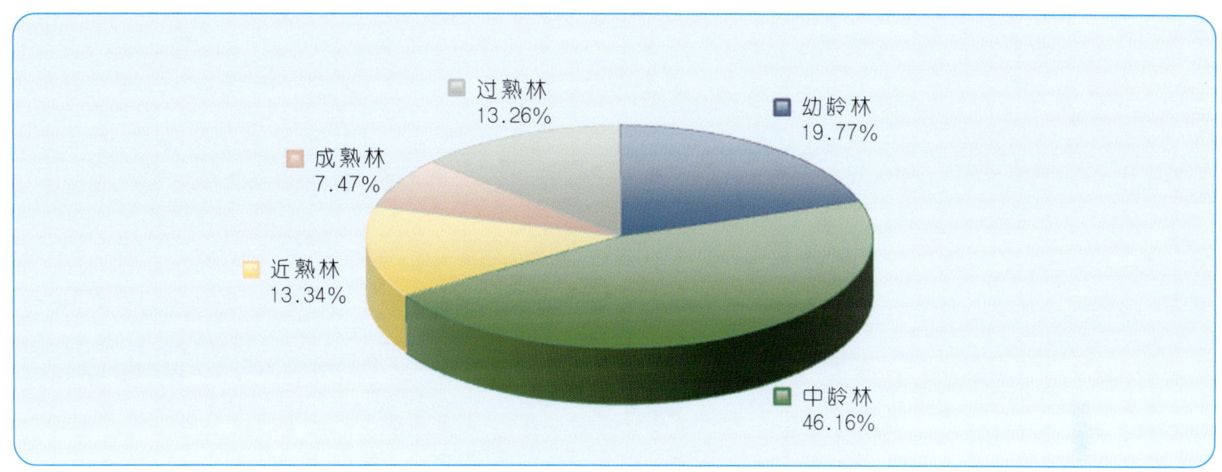

图5-1　不同龄级杉木生态服务功能价值量分布

第七次森林资源清查期间（2004～2008）中国杉木林调节水量为160.35亿m^3/a，其中幼龄林为37.30亿m^3/a，占杉木林总调节水源量的23.26%；中龄林为79.99亿m^3/a，占杉木林总调节水源量的49.88%；近熟林为24.34亿m^3/a，占杉木林总调节水源量的15.18%；成熟林为14.89亿m^3/a，占杉木林总调节水源量的9.28%；过熟林为3.83亿m^3/a，占杉木林总调节水源量的2.39%（图5-2）。杉木林不同龄级调节水量生态服务功能物质量从大到小的排序为中龄林>幼龄林>近熟林>成熟林>过熟林。

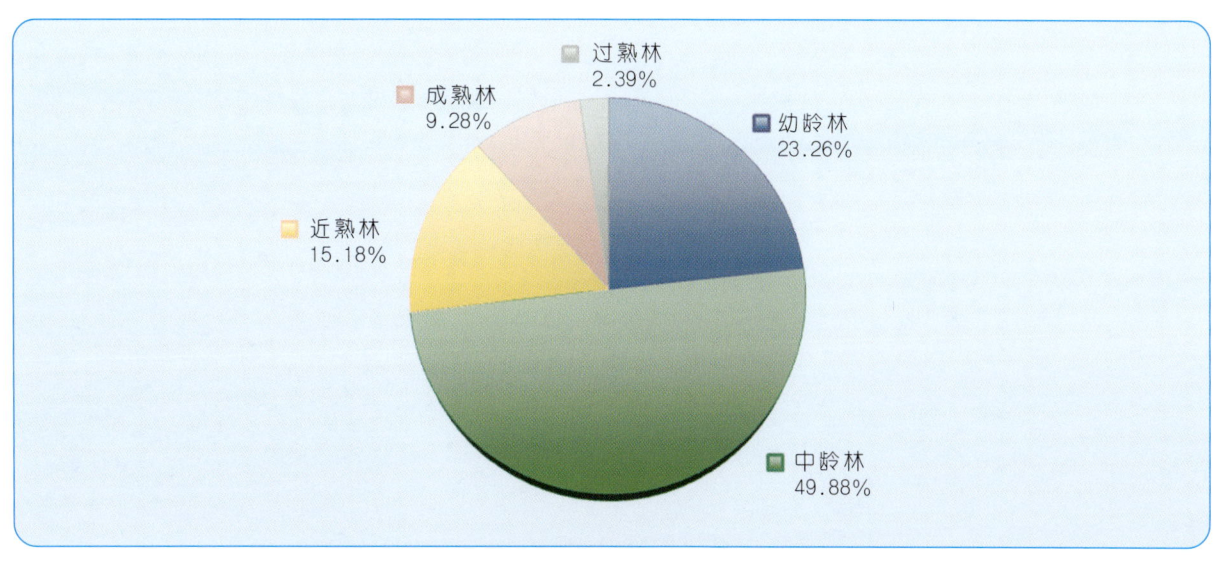

图5-2　不同龄级杉木涵养水源功能物质量分布

评估结果表明，第七次森林资源清查期间(2004～2008)，中国杨树林生态服务功能总价值为0.36万亿元/a。其中幼龄林生态服务功能价值为0.12万亿元/a，占34.54%；中龄林生态服务功能价值为0.07万亿元/a，占20.12%；近熟林生态服务功能价值为0.04万亿元/a，占9.90%；成熟林生态服务功能价值为0.03万亿元/a，占8.77%；过熟林生态服务功能价值为0.10万亿元/a，占26.67%(图5-3)。杨树林不同龄级生态服务功能价值量从大到小的排序为幼龄林＞过熟林＞中龄林＞近熟林＞成熟林。

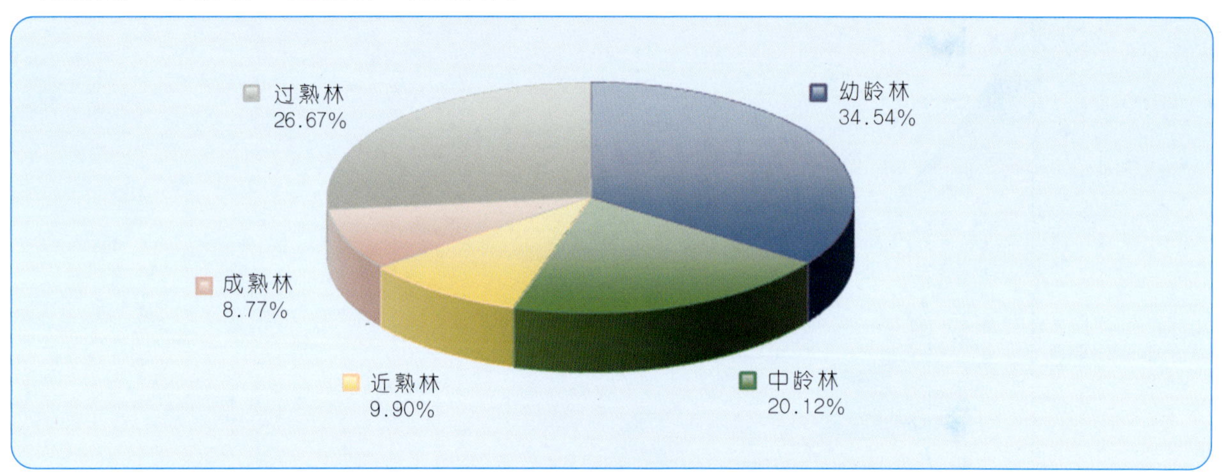

图5-3 不同龄级杨树生态服务功能价值量分布

第七次森林资源清查期间(2004～2008)，中国杨树林固土量为2.80亿t/a。其中幼龄林为1.16亿t/a，占总固土量的41.47%；中龄林为0.65亿t/a，占总固土量的23.40%；近熟林为0.34亿t/a，占总固土量的12.22%；成熟林为0.43亿t/a，占总固土量的15.34%；过熟林为0.21亿m^3/a，占总固土量的7.56%(图5-4)。杨树林不同龄级生态服务功能固土量从大到小的排序为幼龄林＞中龄林＞成熟林＞近熟林＞过熟林。

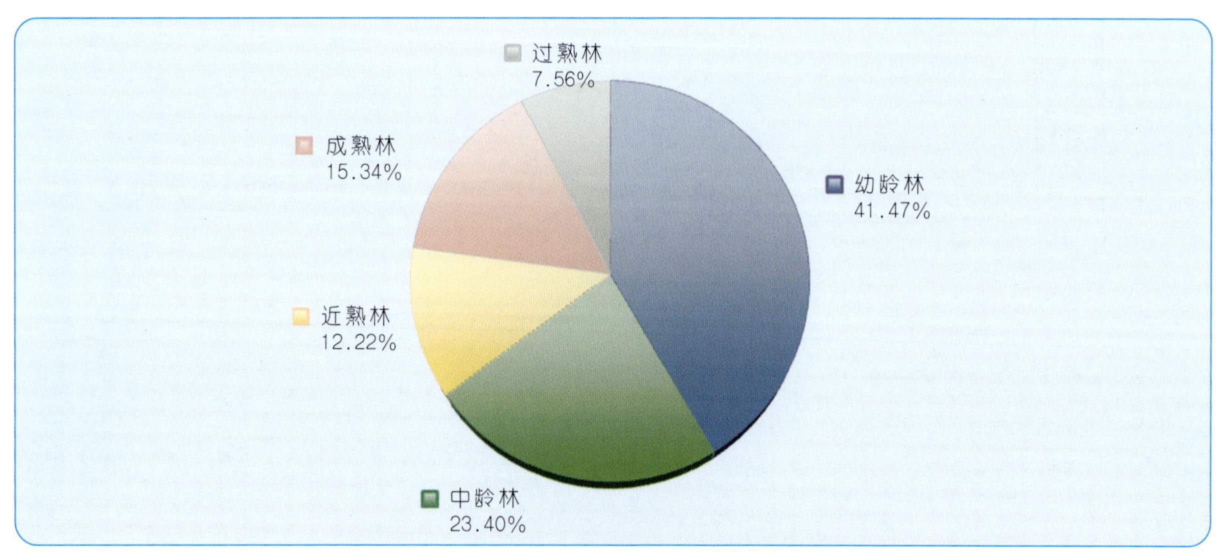

图5-4 不同龄级杨树固土功能物质量分布

二、不同起源森林生态服务功能评估

评估结果表明，油松、杨树、杉木和樟树四个林分类型中的人工林和天然林的生态服务功能存在着较大差异。油松人工林生态服务功能价值为482.99亿元/a，天然林生态服务功能价值为334.81亿元/a，人工林是天然林的1.44倍；杨树人工林生态服务功能价值为2546.38亿元/a，天然林生态服务功能价值为1039.63亿元/a，人工林是天然林的2.45倍；杉木人工林生态服务功能价值为3316.12亿元/a，天然林生态服务功能价值为1237.03亿元/a，人工林是天然林的2.68倍；樟树人工林生态服务功能价值为23.59亿元/a，天然林生态服务功能价值为36.21亿元/a，人工林是天然林的0.65倍(图5-5)。油松、杨树和杉木都是人工林的生态服务功能价值量大于天然林，只有樟树为天然林大于人工林。

从四个林分类型的固碳量上看，油松人工林为318.87万t/a，天然林为141.67万t/a，人工林是天然林的2.25倍；杨树人工林为2251.42万t/a，天然林为518.69万t/a，人工林是天然林的4.34倍；杉木人工林为2111.06万t/a，天然林为534.63 万t/a，人工林是天然林的3.95倍；樟树人工林为9.76万t/a，天然林为9.72万t/a，人工林与天然林相差不大(图5-6)。油松、杨树和杉木林分类型都是人工林的固碳量大于天然林，只有樟树天然林与人工林基本持平。

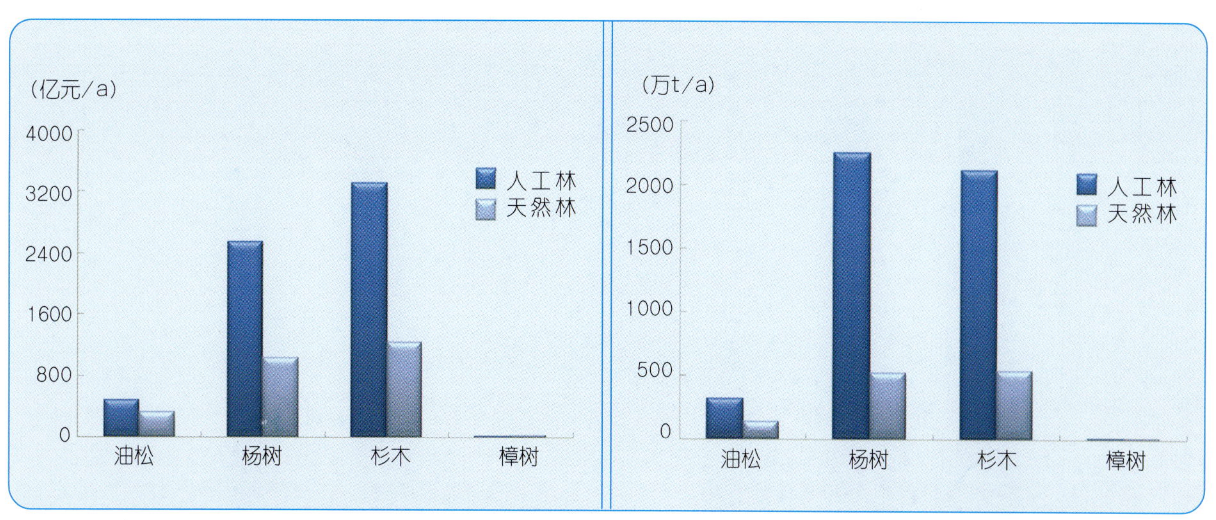

图5-5　人工林和天然林生态服务功能价值分布　　图5-6　人工林和天然林固碳量比较

第六章

分省份森林生态服务功能评估

一、北京市

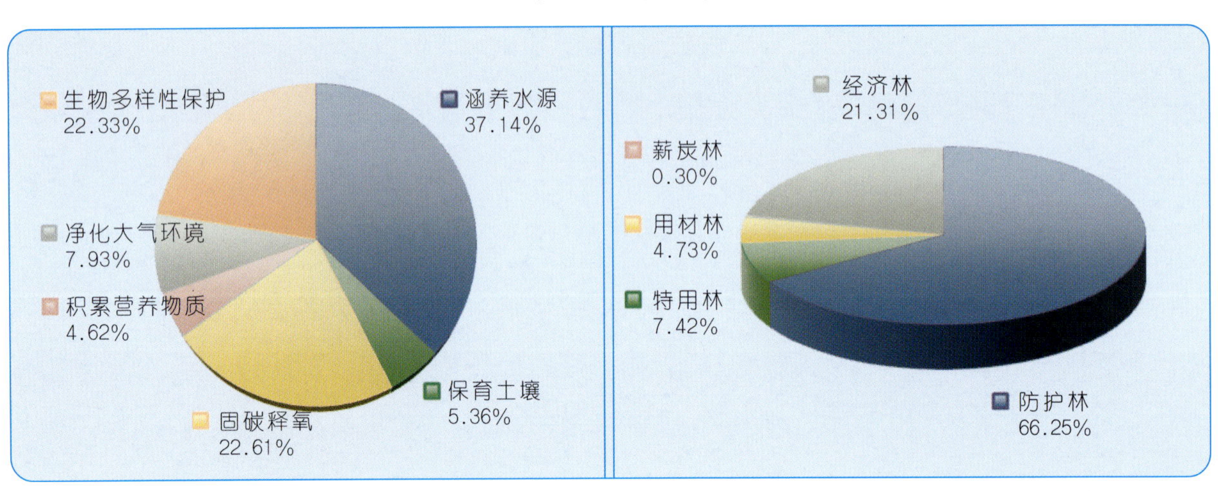

图1　北京市森林生态服务功能总价值分布图　　图2　北京市五大林种生态服务功能总价值分布图

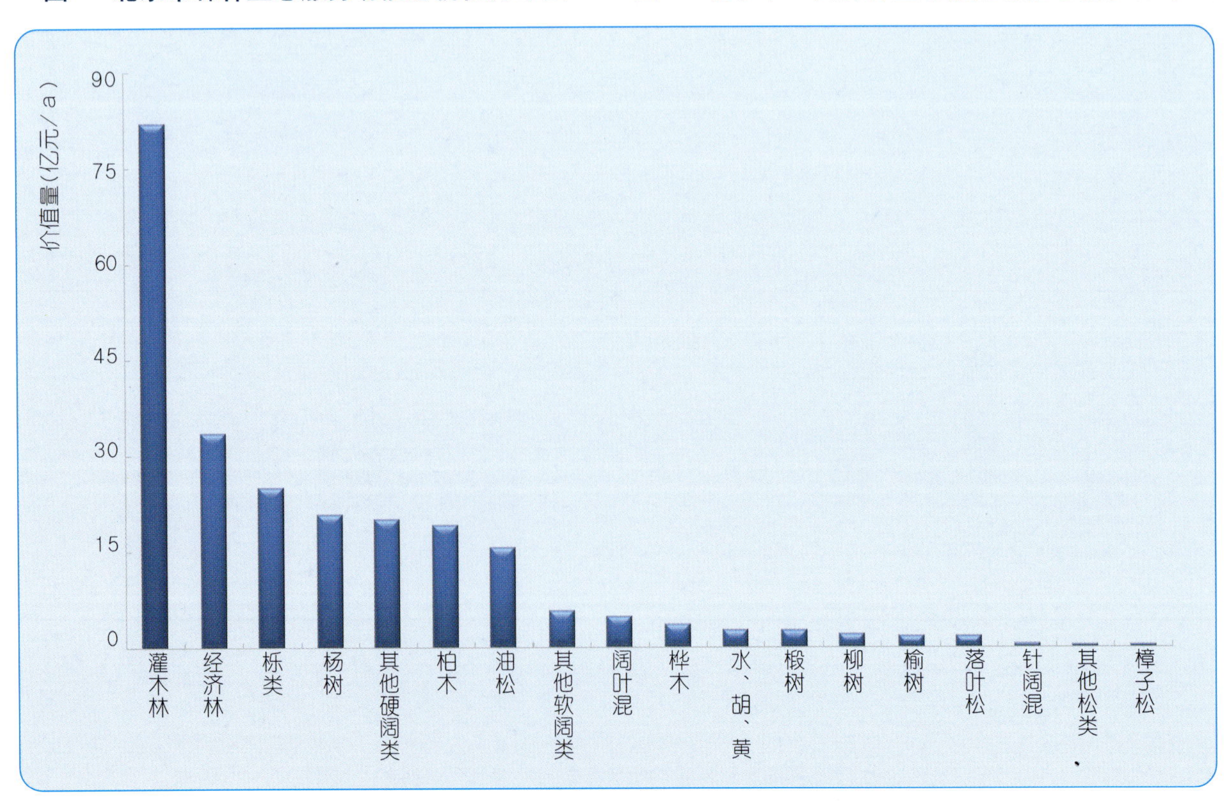

图3　北京市不同林分类型生态服务功能价值量分布图

注：由于资料缺乏，林种与林分类型的生态服务功能价值量未减去森林采伐消耗造成的碳损失。

二、天 津 市

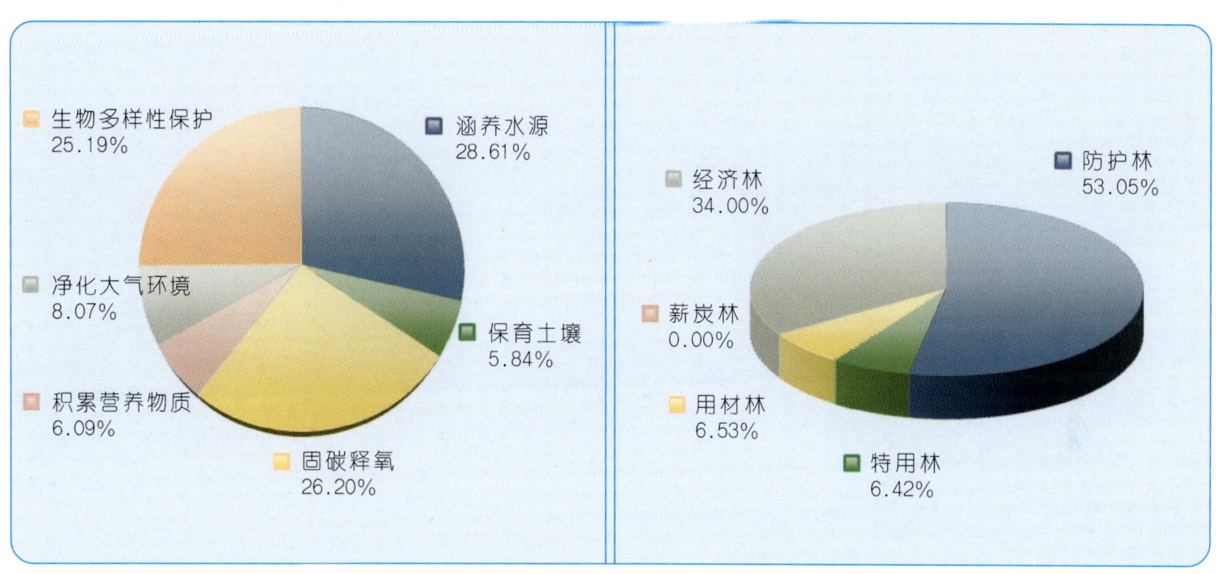

图1 天津市森林生态服务功能总价值分布图 **图2 天津市五大林种生态服务功能总价值分布图**

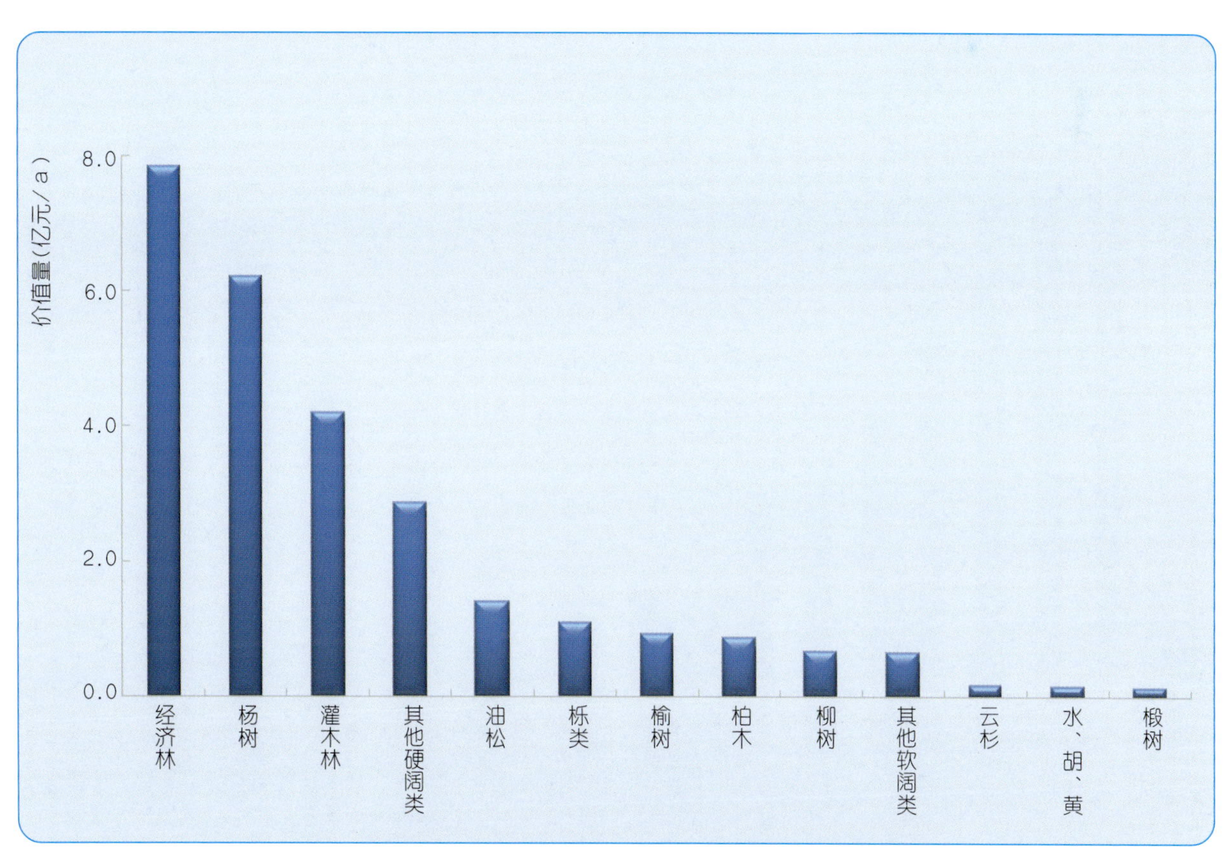

图3 天津市不同林分类型生态服务功能价值量分布图

注:由于资料缺乏,林种与林分类型的生态服务功能价值量未减去森林采伐消耗造成的碳损失。

三、河 北 省

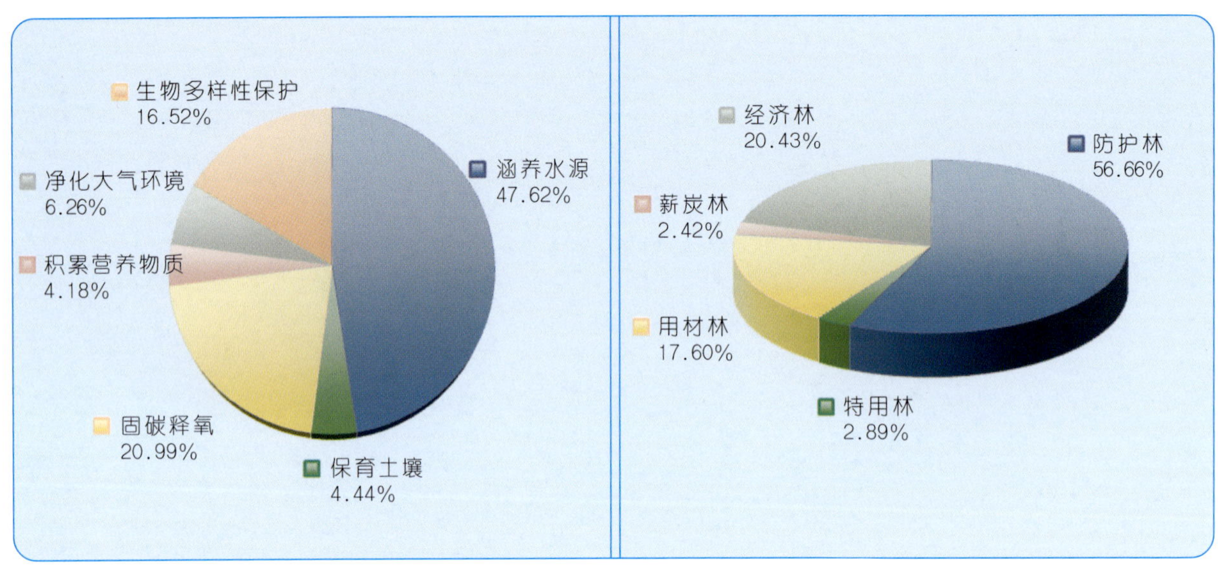

图1 河北省森林生态服务功能总价值分布图　　图2 河北省五大林种生态服务功能总价值分布图

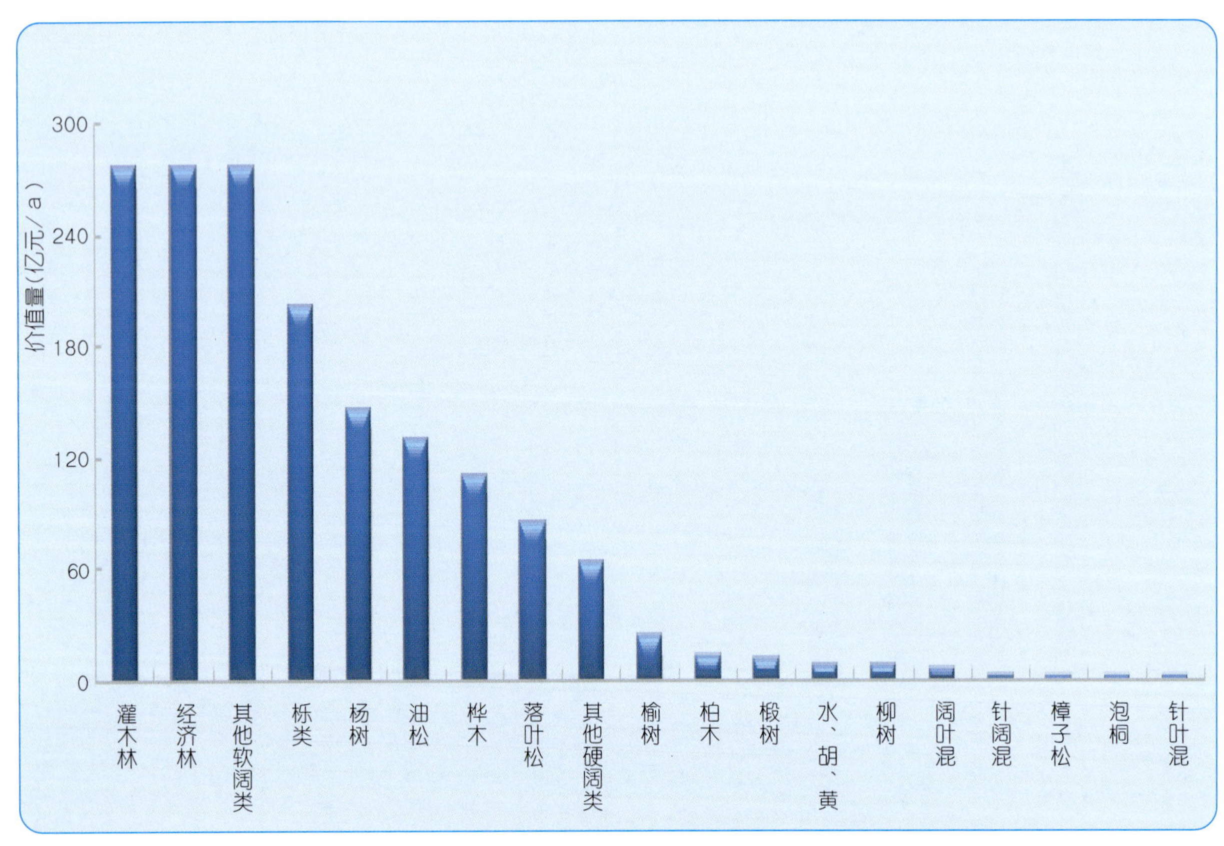

图3 河北省不同林分类型生态服务功能价值量分布图

注:由于资料缺乏,林种与林分类型的生态服务功能价值量未减去森林采伐消耗造成的碳损失。

四、山 西 省

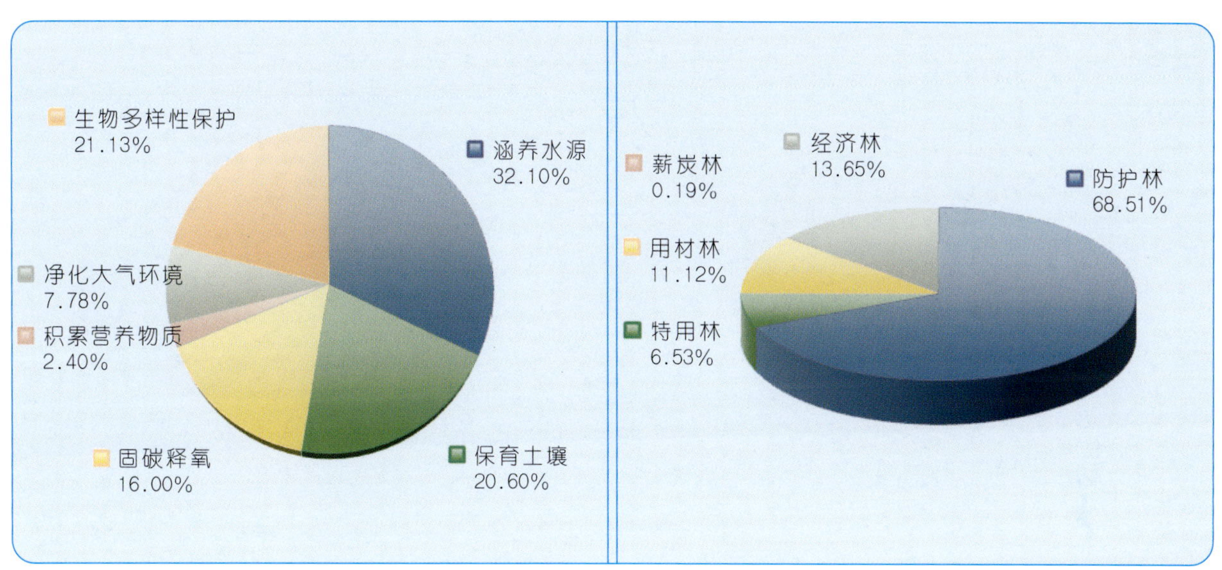

图1 山西省森林生态服务功能总价值分布图

图2 山西省五大林种生态服务功能总价值分布图

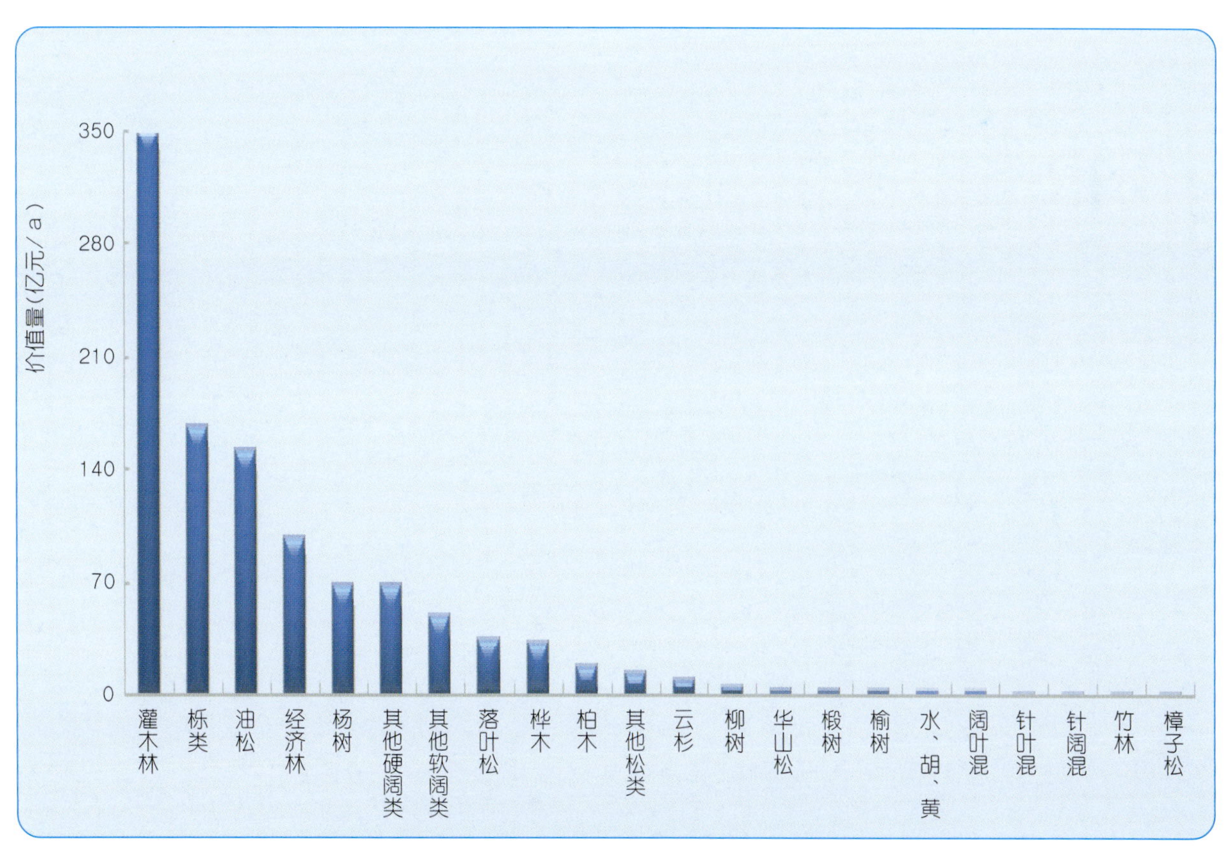

图3 山西省不同林分类型生态服务功能价值量分布图

注:由于资料缺乏,林种与林分类型的生态服务功能价值量未减去森林采伐消耗造成的碳损失。

五、 内蒙古自治区

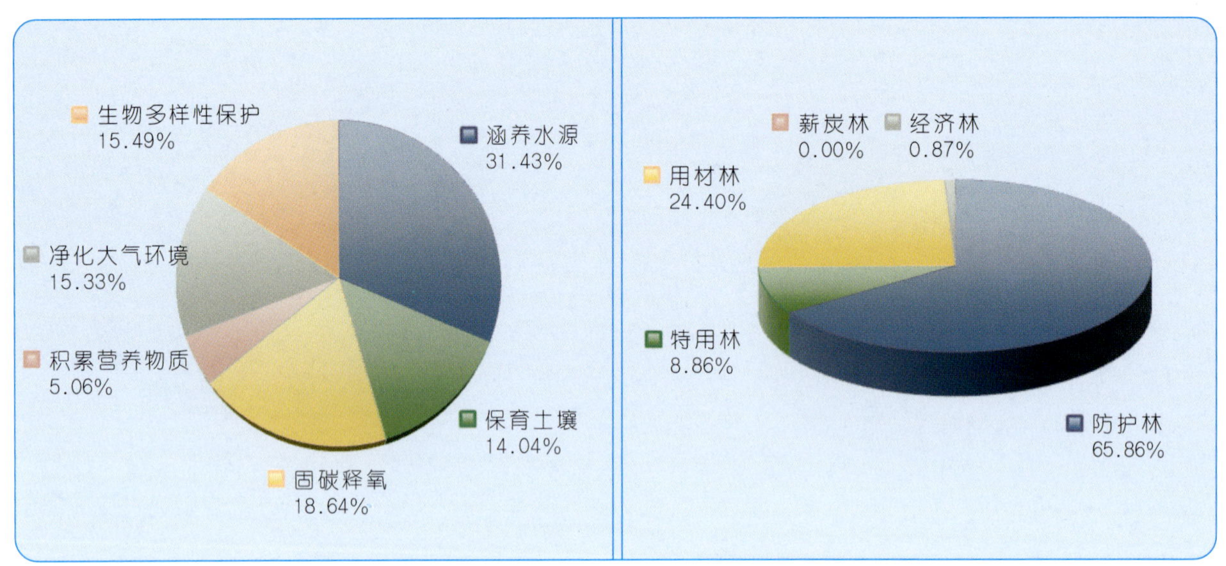

图1 内蒙古自治区森林生态服务功能总价值分布图

图2 内蒙古自治区五大林种生态服务功能总价值分布图

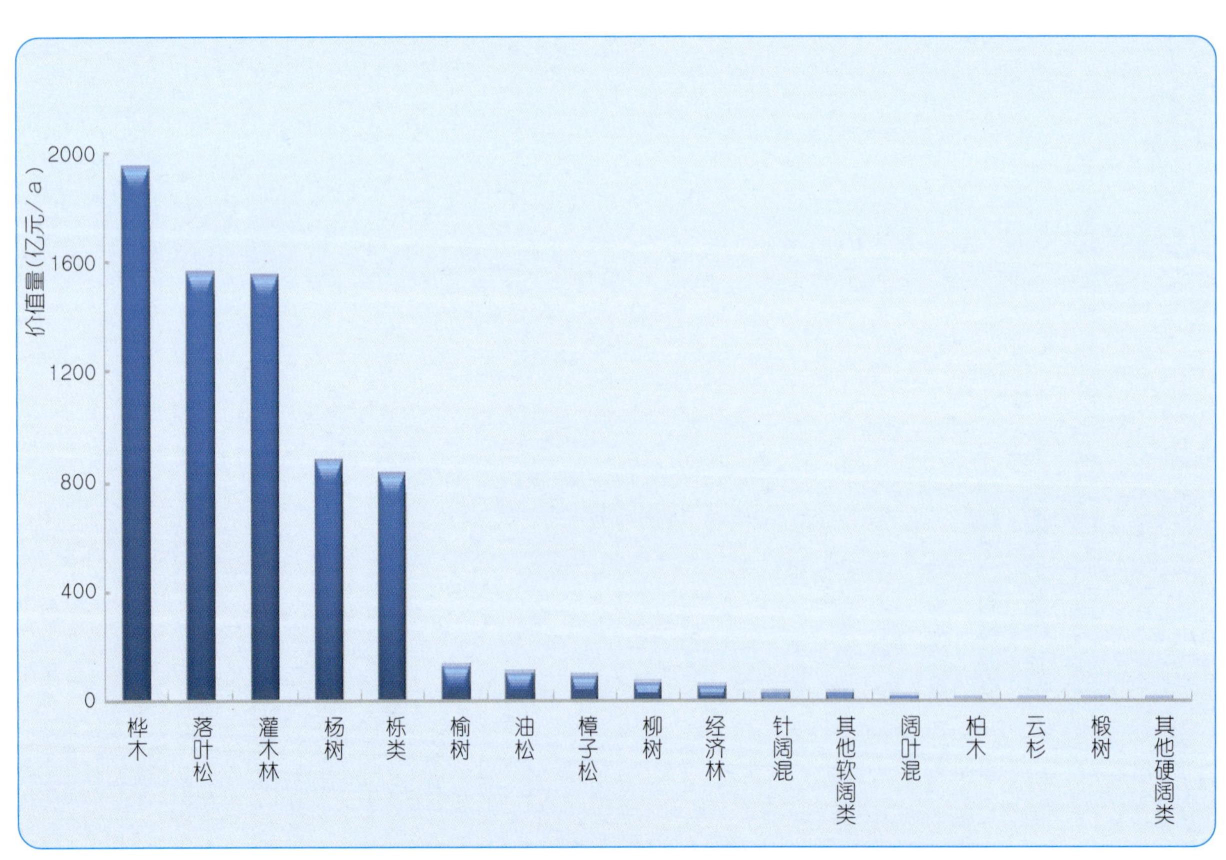

图3 内蒙古自治区不同林分类型生态服务功能价值量分布图

注：由于资料缺乏，林种与林分类型的生态服务功能价值量未减去森林采伐消耗造成的碳损失。

六、辽宁省

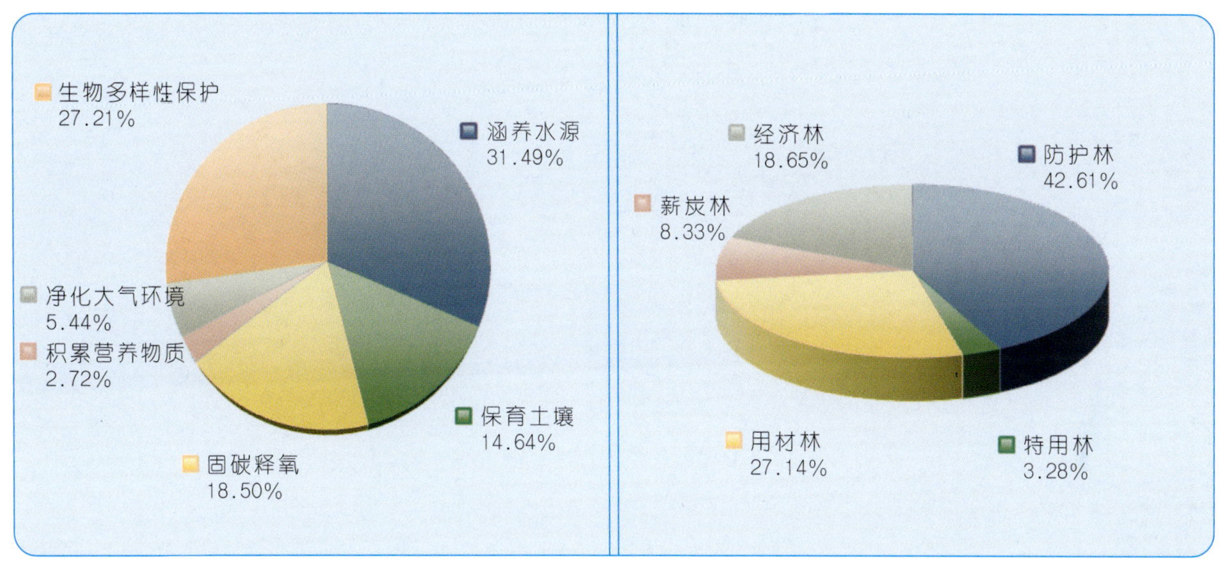

图1　辽宁省森林生态服务功能总价值分布图　　图2　辽宁省五大林种生态服务功能总价值分布图

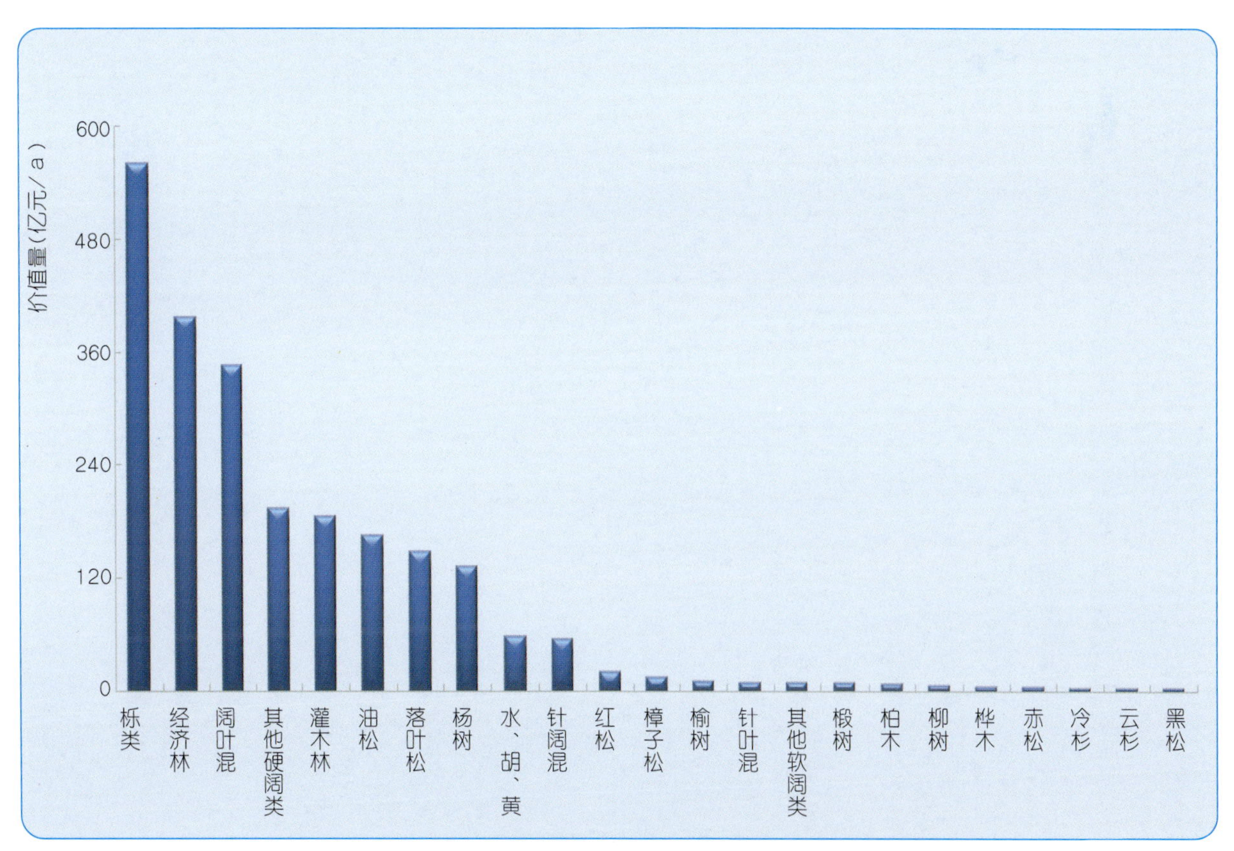

图3　辽宁省不同林分类型生态服务功能价值量分布图

注：由于资料缺乏，林种与林分类型的生态服务功能价值量未减去森林采伐消耗造成的碳损失。

七、吉 林 省

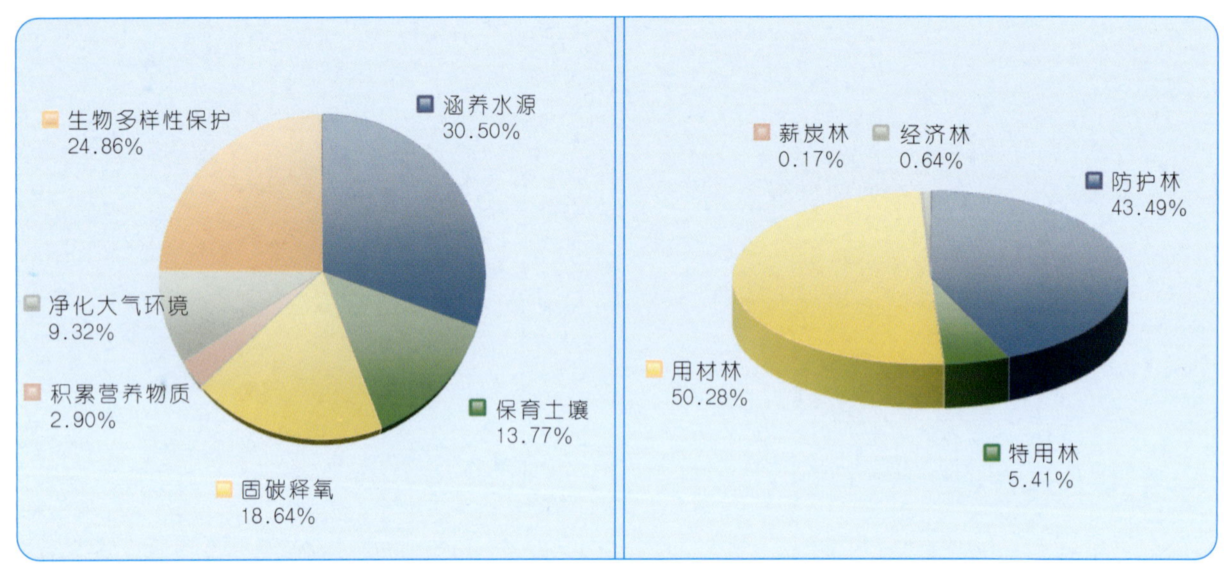

图1 吉林省森林生态服务功能总价值分布图 图2 吉林省五大林种生态服务功能总价值分布图

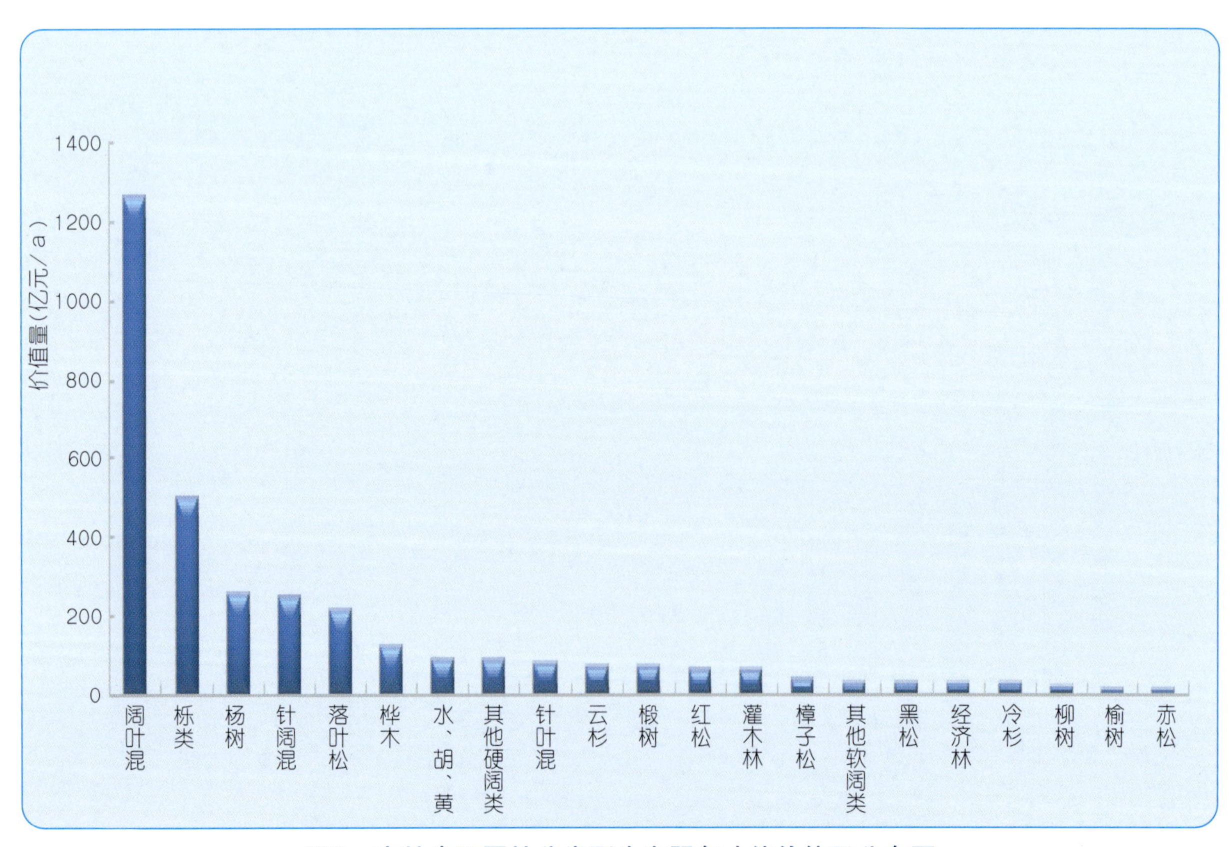

图3 吉林省不同林分类型生态服务功能价值量分布图

注：由于资料缺乏，林种与林分类型的生态服务功能价值量未减去森林采伐消耗造成的碳损失。

八、黑龙江省

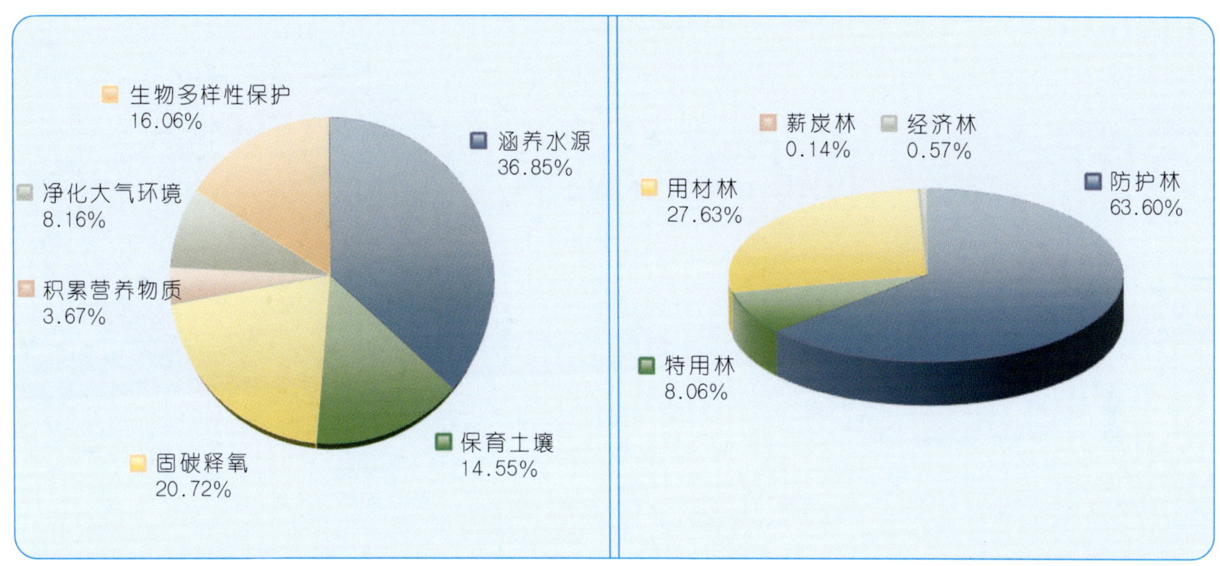

图1　黑龙江省森林生态服务功能总价值分布图　　图2　黑龙江省五大林种生态服务功能总价值分布图

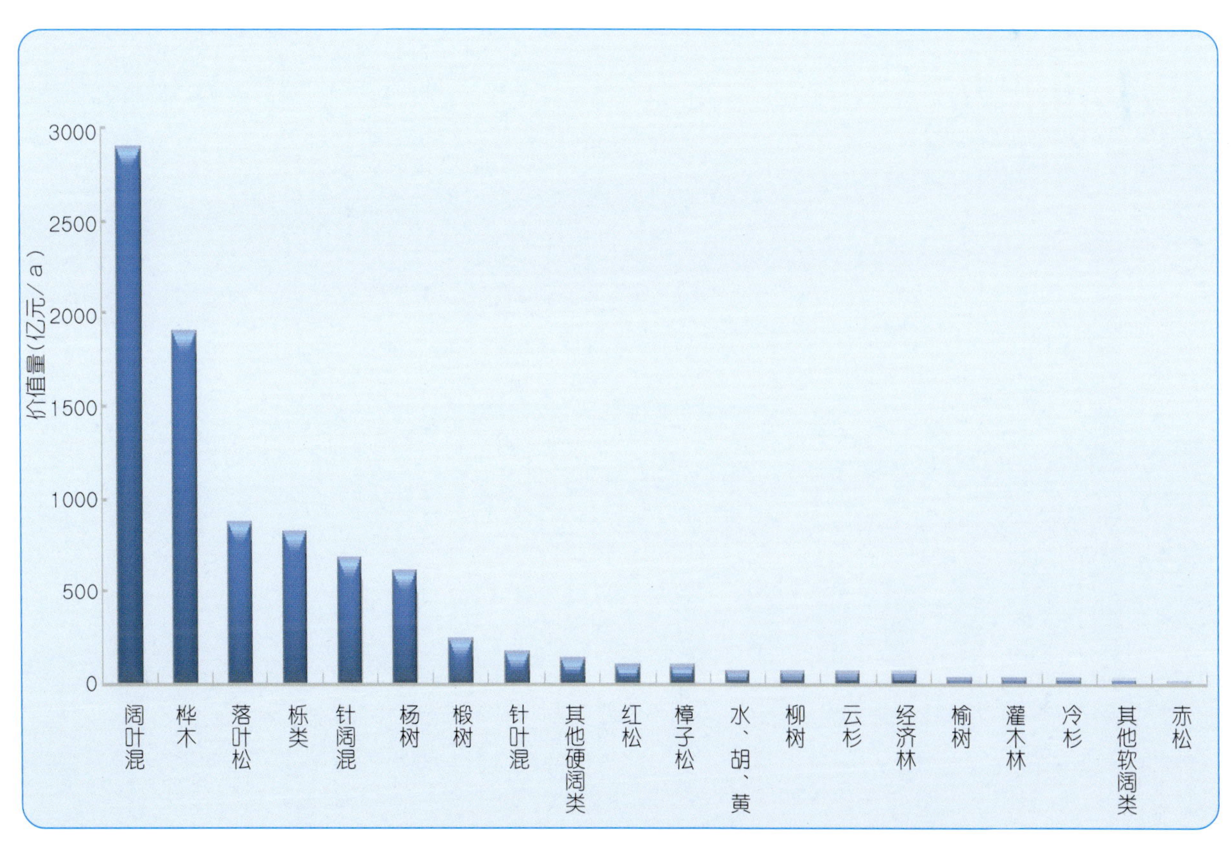

图3　黑龙江省不同林分类型生态服务功能价值量分布图

注：由于资料缺乏，林种与林分类型的生态服务功能价值量未减去森林采伐消耗造成的碳损失。

九、上 海 市

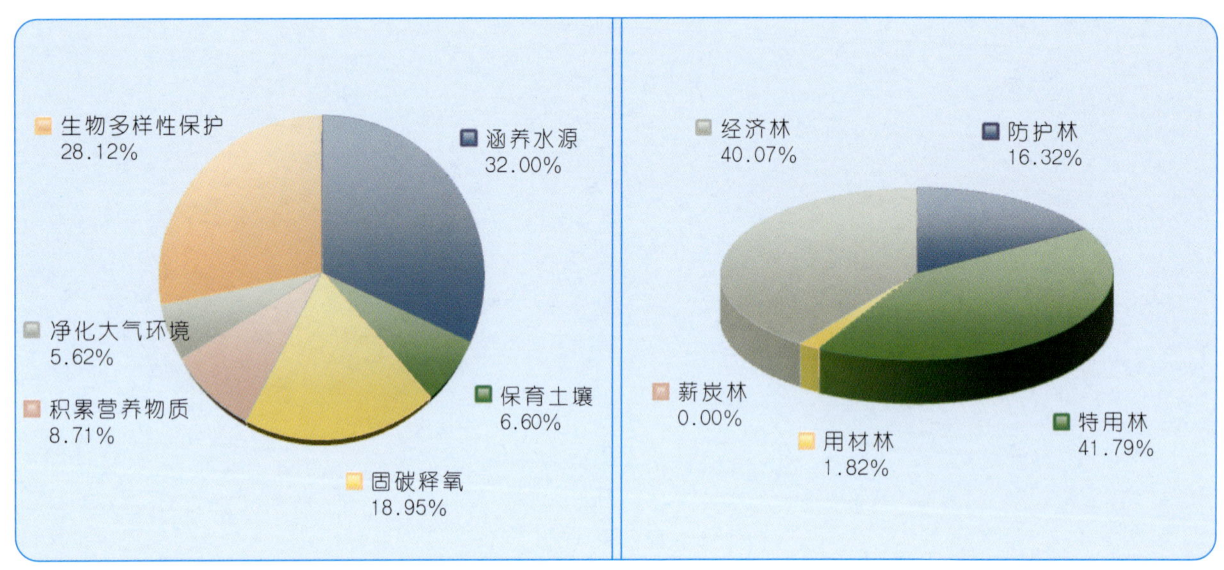

图1 上海市森林生态服务功能总价值分布图　　图2 上海市五大林种生态服务功能总价值分布图

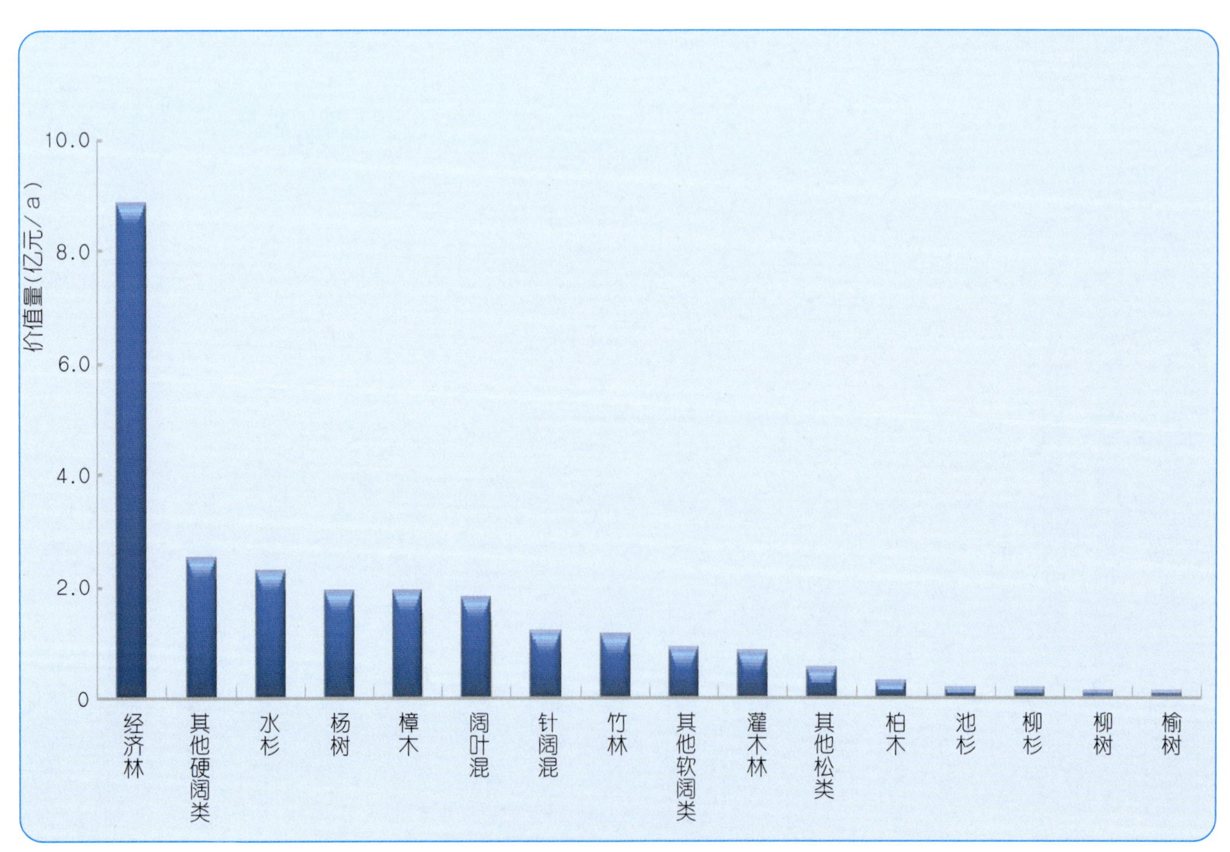

图3 上海市不同林分类型生态服务功能价值量分布图

注：由于资料缺乏，林种与林分类型的生态服务功能价值量未减去森林采伐消耗造成的碳损失。

十、江苏省

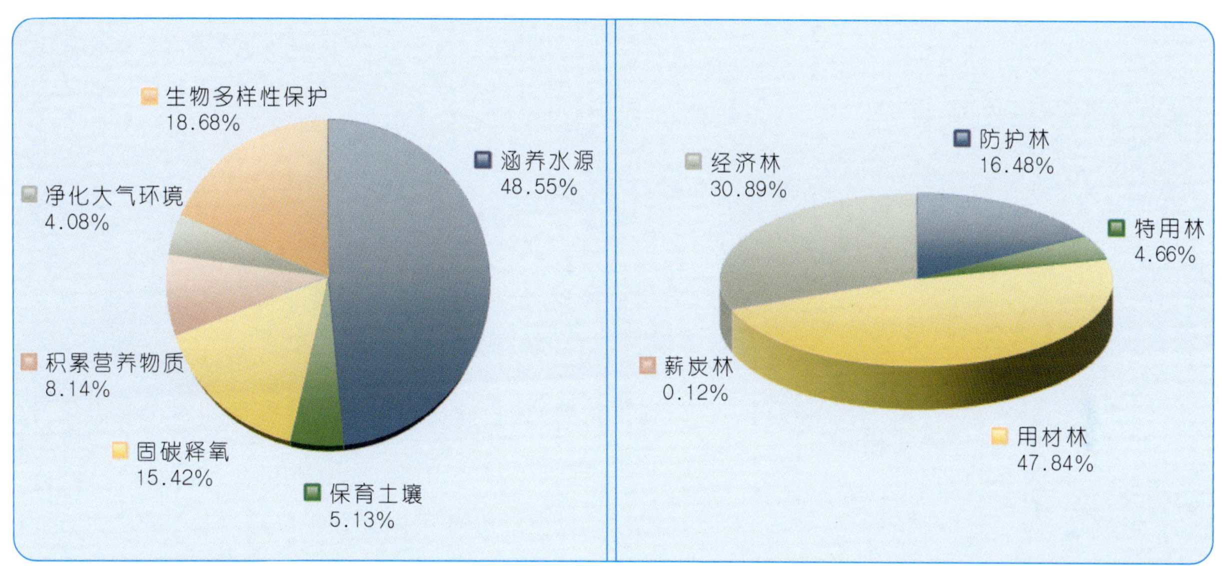

图1 江苏省森林生态服务功能总价值分布图　　图2 江苏省五大林种生态服务功能总价值分布图

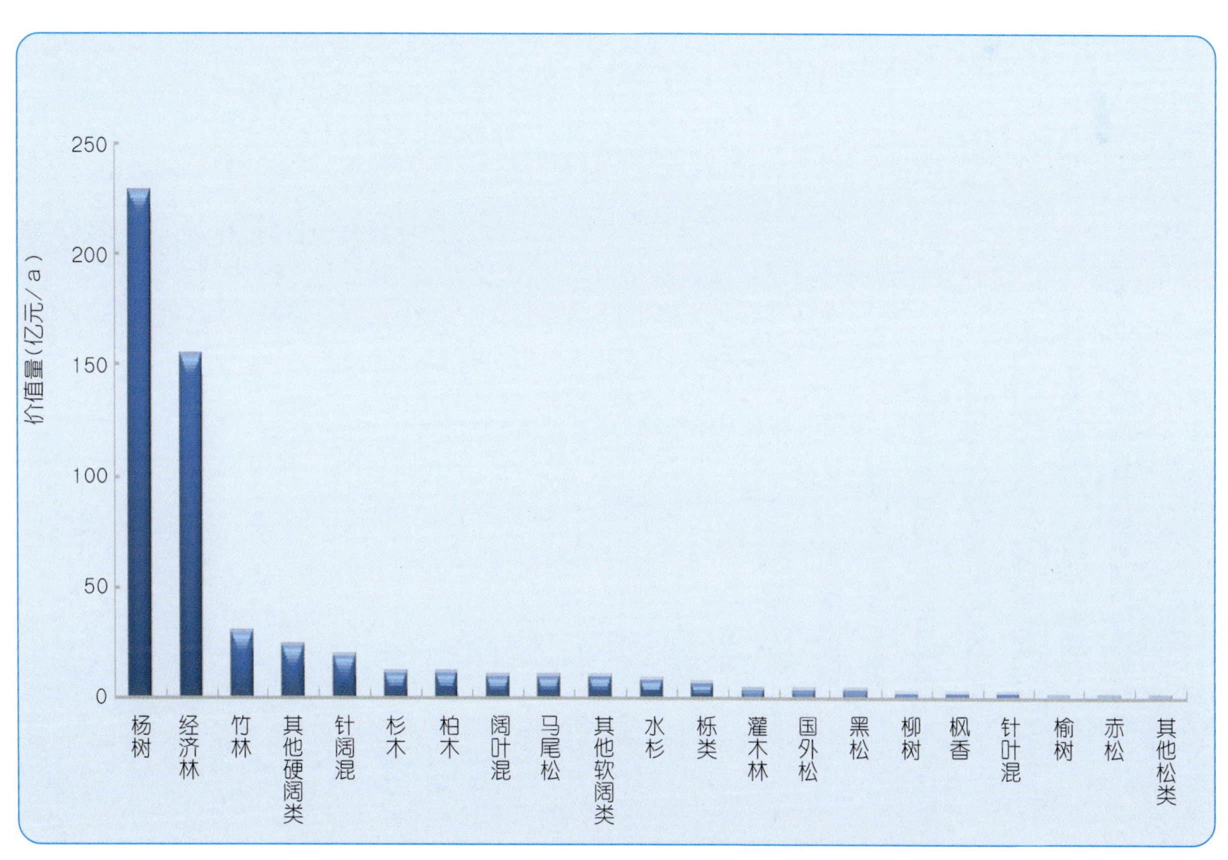

图3 江苏省不同林分类型生态服务功能价值量分布图

注:由于资料缺乏,林种与林分类型的生态服务功能价值量未减去森林采伐消耗造成的碳损失。

十一、浙 江 省

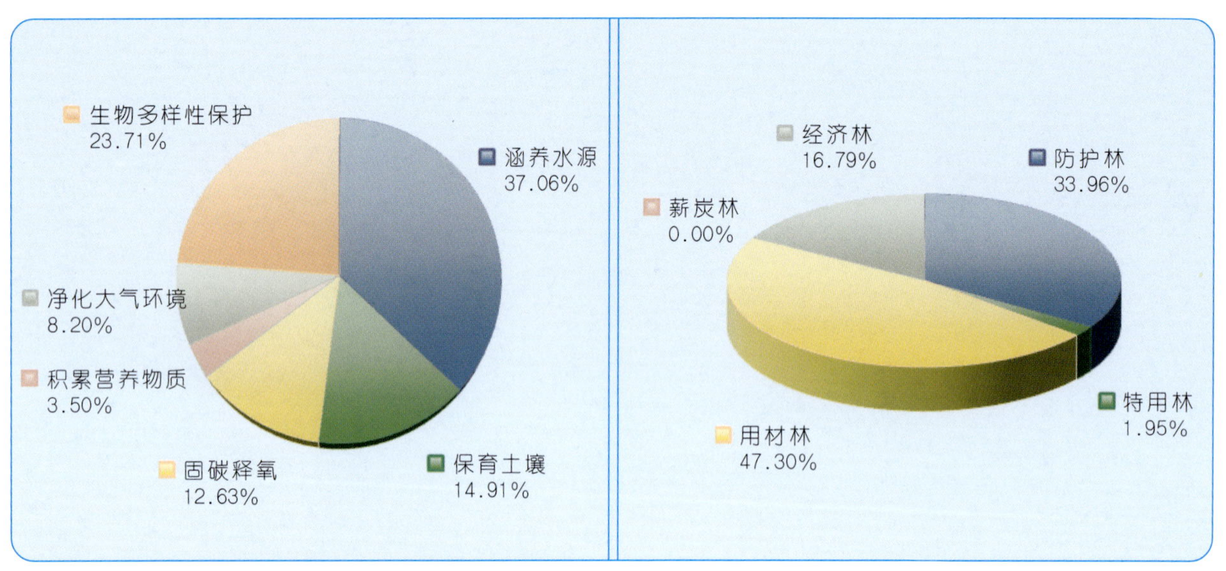

图1 浙江省森林生态服务功能总价值分布图　　图2 浙江省五大林种生态服务功能总价值分布图

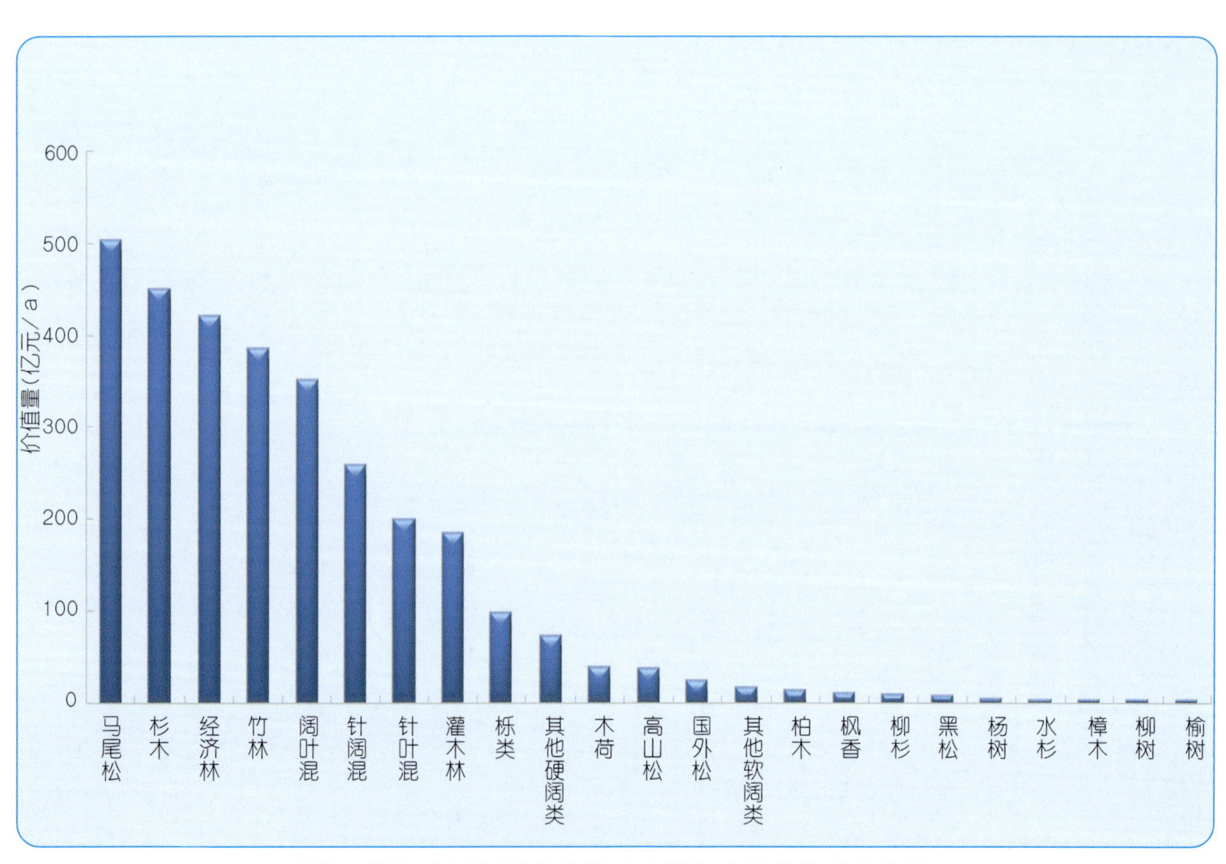

图3 浙江省不同林分类型生态服务功能价值量分布图

注:由于资料缺乏,林种与林分类型的生态服务功能价值量未减去森林采伐消耗造成的碳损失。

十二、安 徽 省

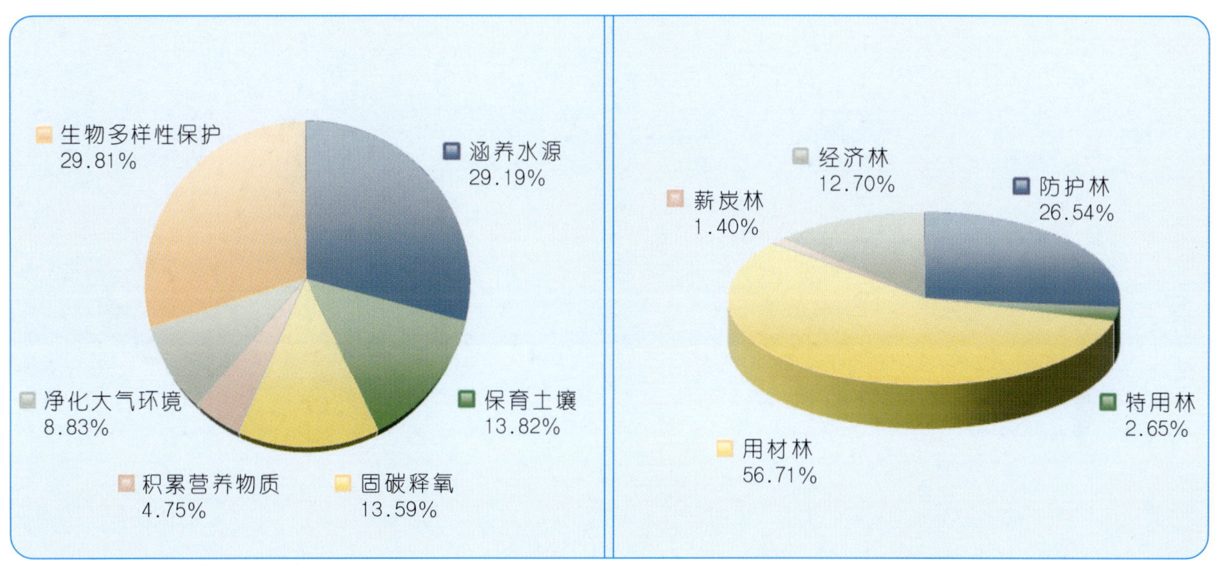

图1　安徽省森林生态服务功能总价值分布图　　图2　安徽省五大林种生态服务功能总价值分布图

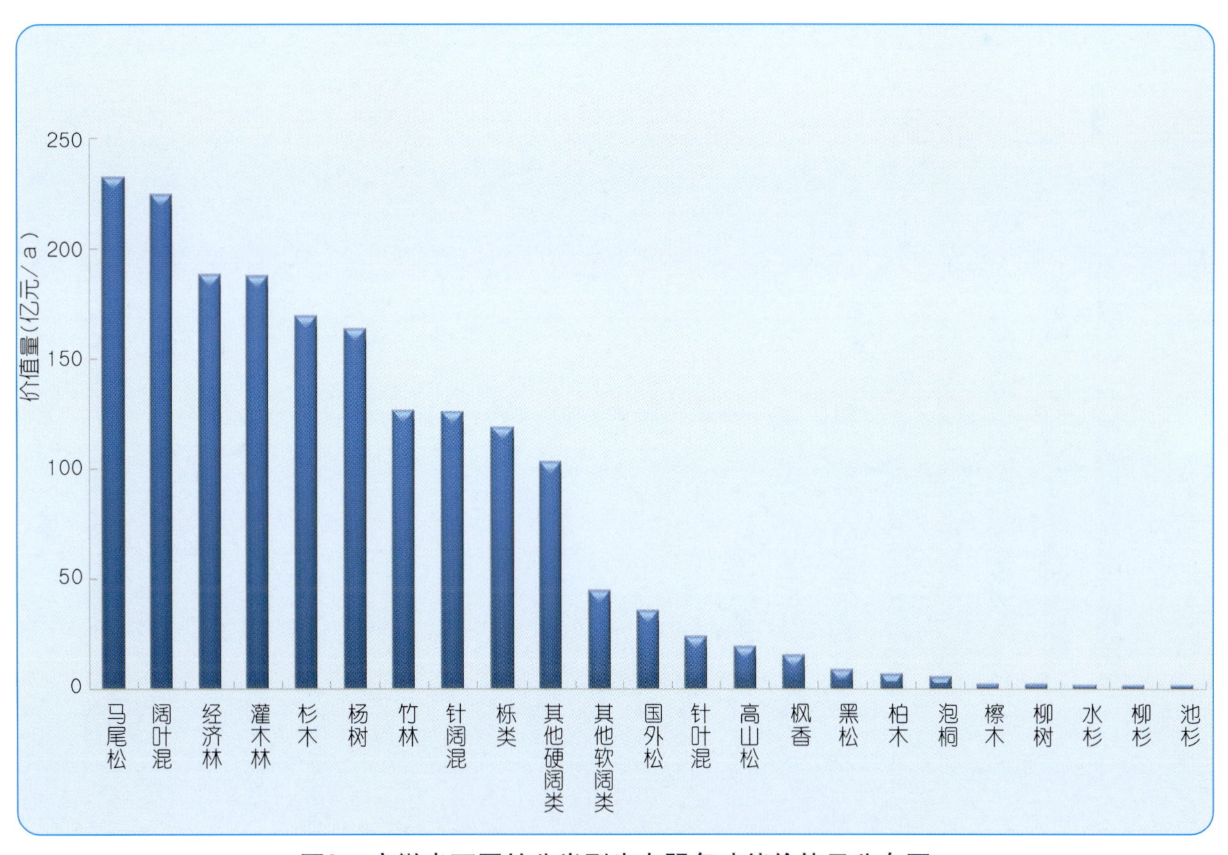

图3　安徽省不同林分类型生态服务功能价值量分布图

注:由于资料缺乏,林种与林分类型的生态服务功能价值量未减去森林采伐消耗造成的碳损失。

十三、福 建 省

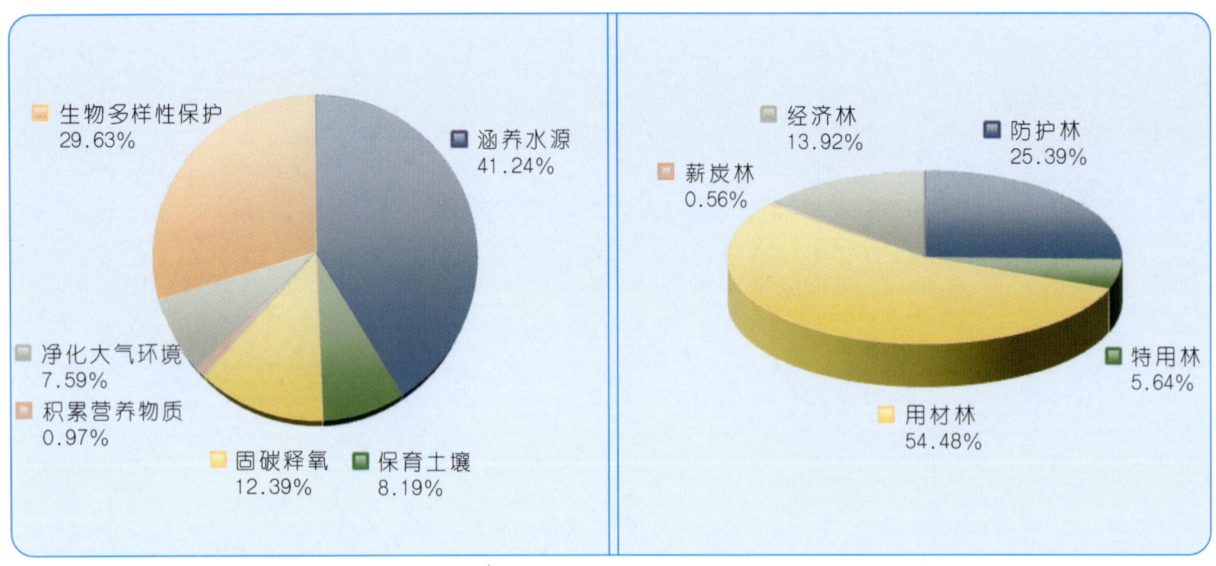

图1 福建省森林生态服务功能总价值分布图　　图2 福建省五大林种生态服务功能总价值分布图

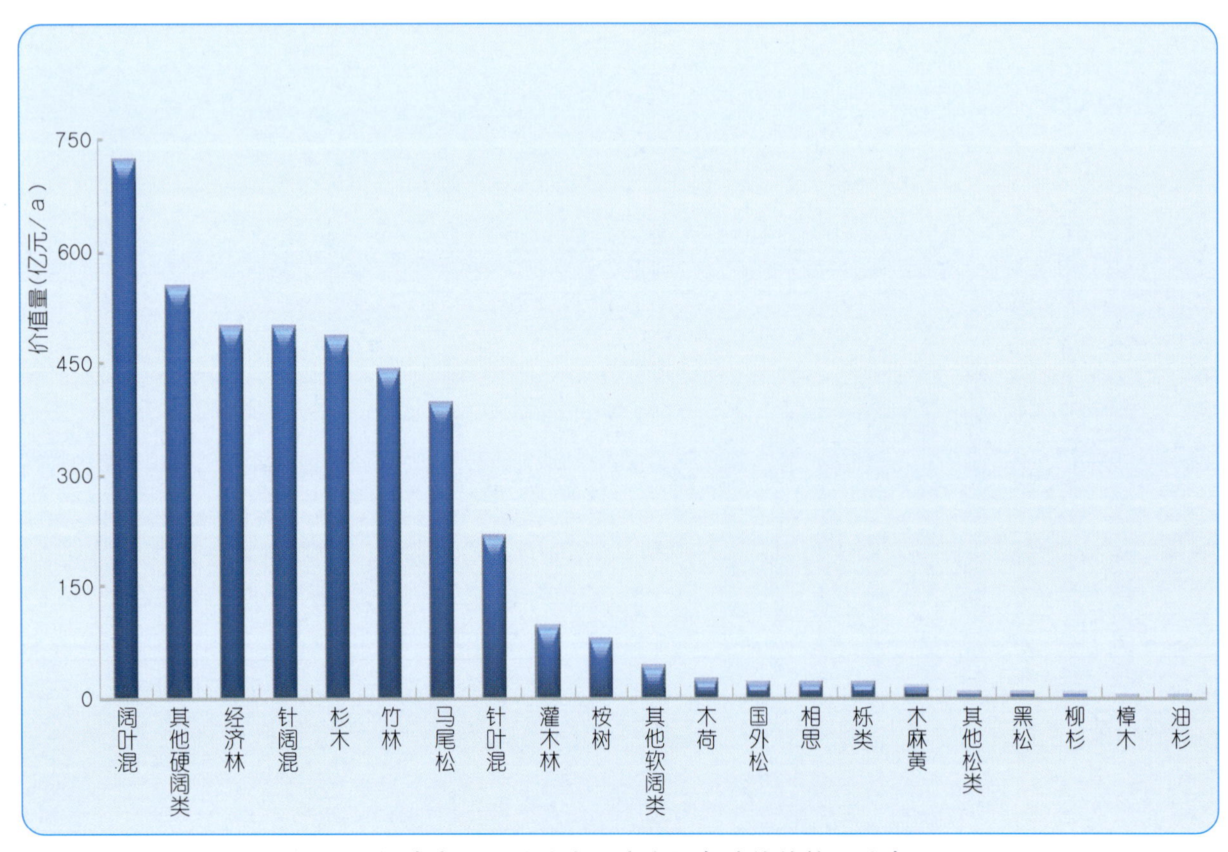

图3 福建省不同林分类型生态服务功能价值量分布图

注：由于资料缺乏，林种与林分类型的生态服务功能价值量未减去森林采伐消耗造成的碳损失。

十四、江 西 省

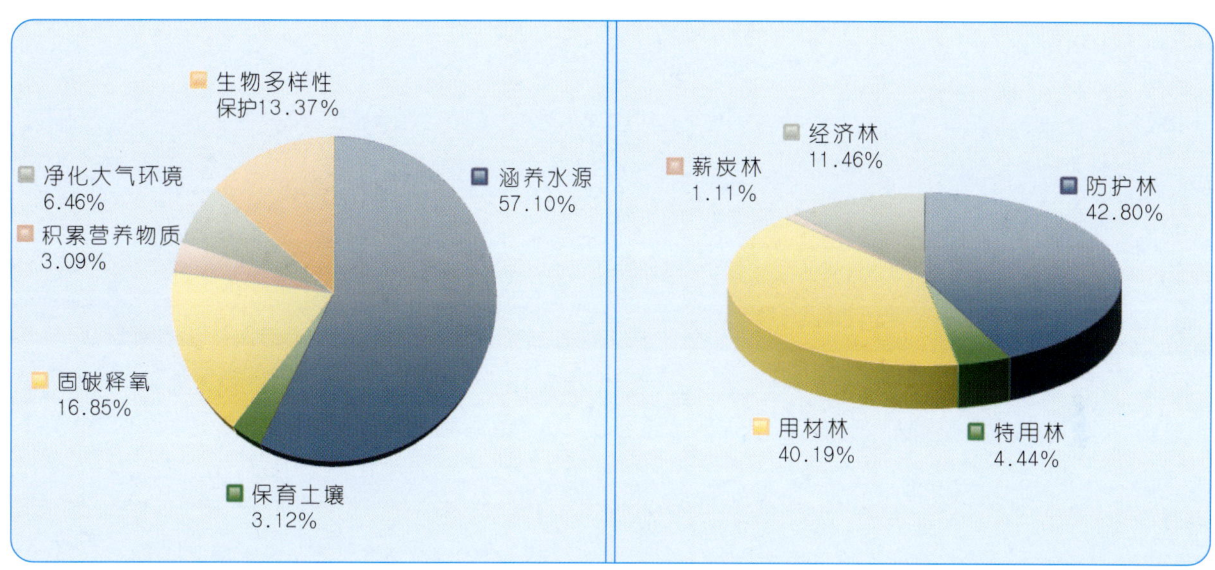

图1 江西省森林生态服务功能总价值分布图　　图2 江西省五大林种生态服务功能总价值分布图

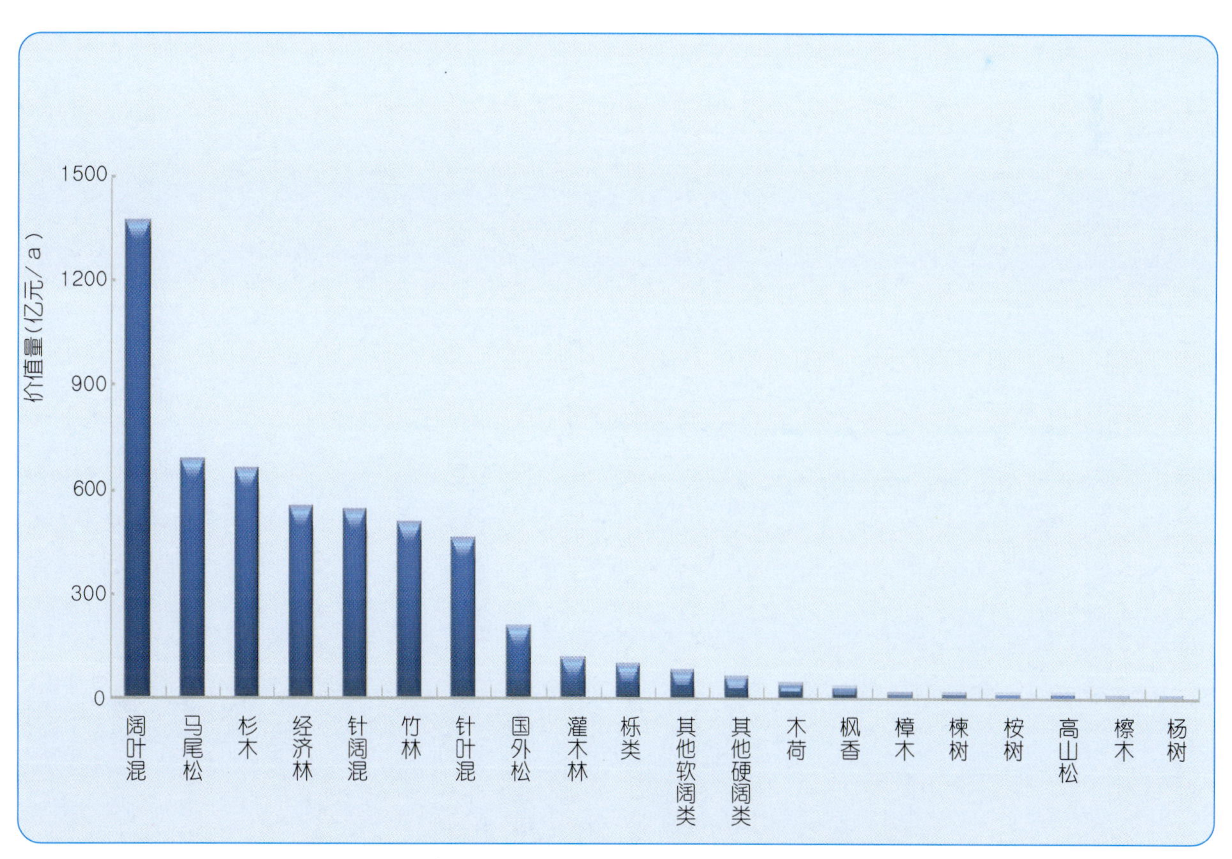

图3 江西省不同林分类型生态服务功能价值量分布图

注：由于资料缺乏，林种与林分类型的生态服务功能价值量未减去森林采伐消耗造成的碳损失。

十五、山 东 省

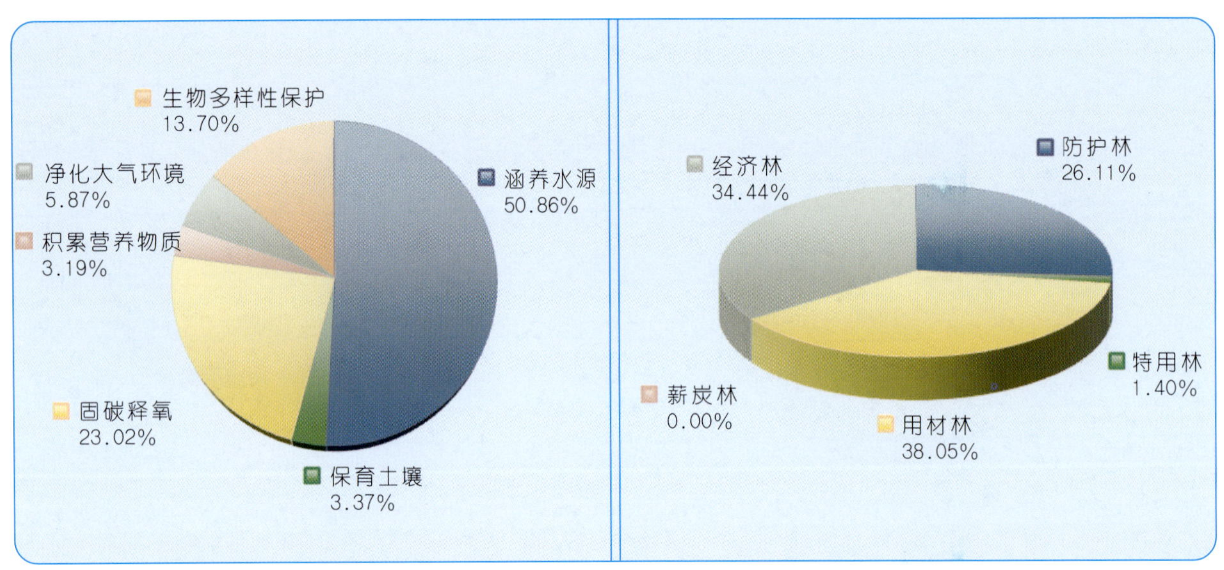

图1 山东省森林生态服务功能总价值分布图　　图2 山东省五大林种生态服务功能总价值分布图

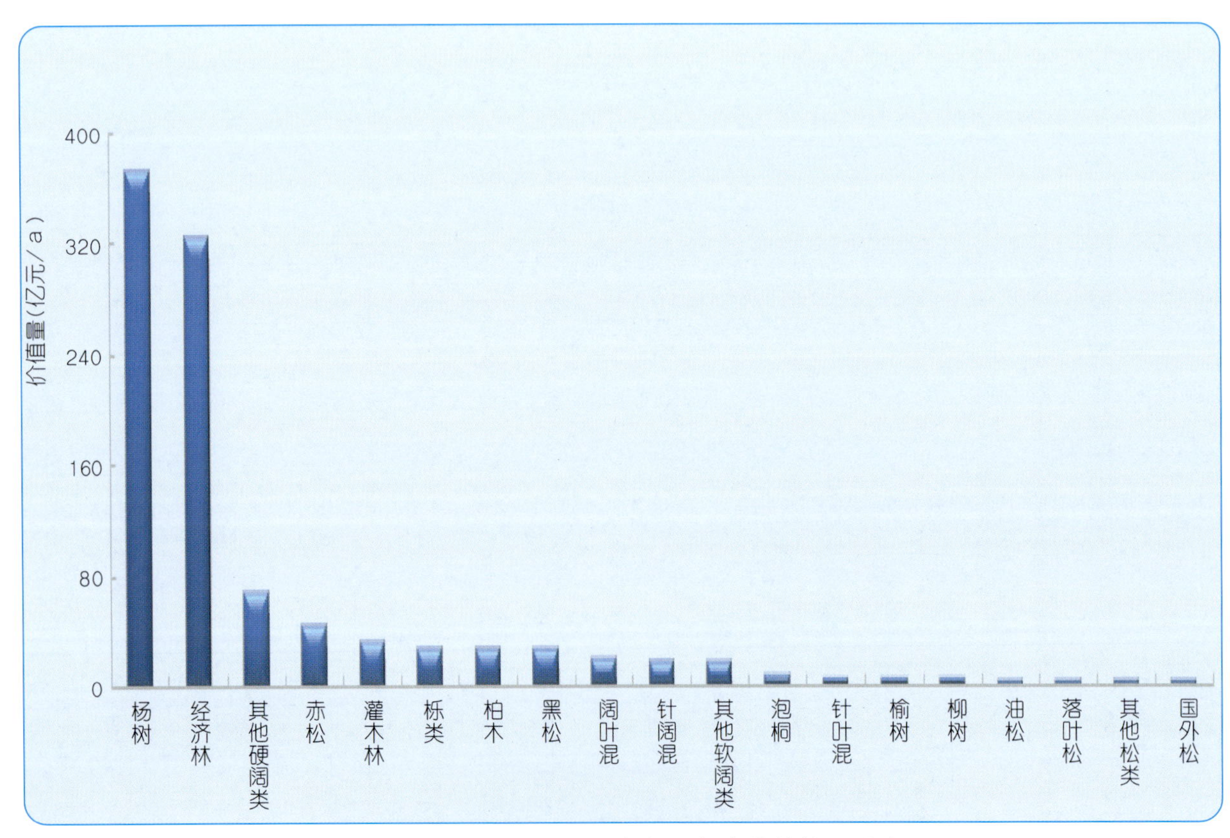

图3 山东省不同林分类型生态服务功能价值量分布图

注:由于资料缺乏,林种与林分类型的生态服务功能价值量未减去森林采伐消耗造成的碳损失。

十六、河 南 省

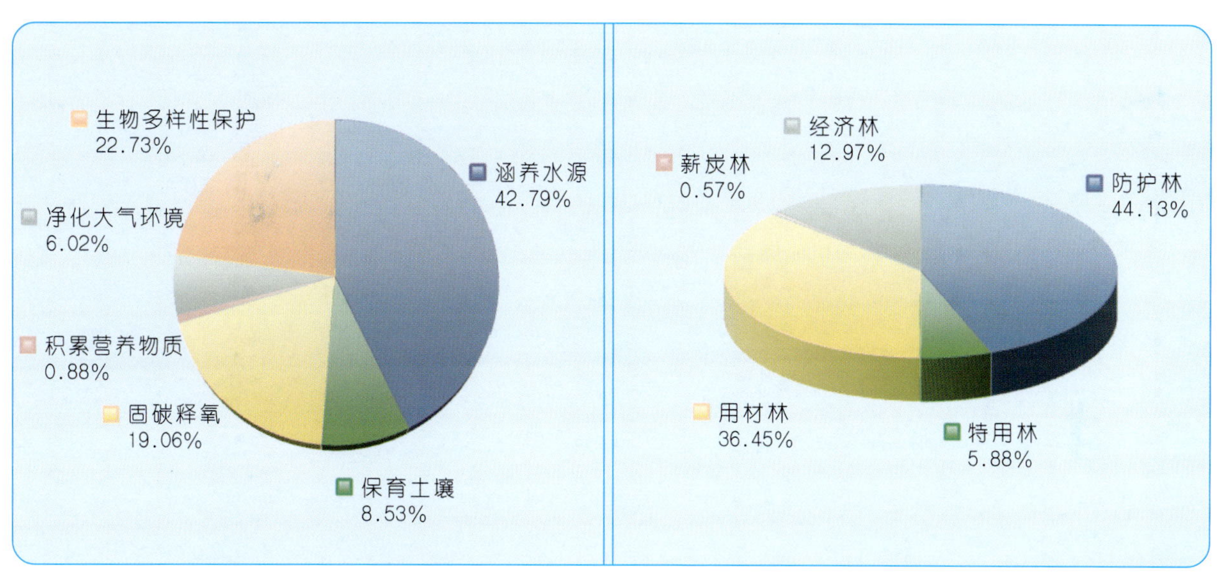

图1　河南省森林生态服务功能总价值分布图　　　图2　河南省五大林种生态服务功能总价值分布图

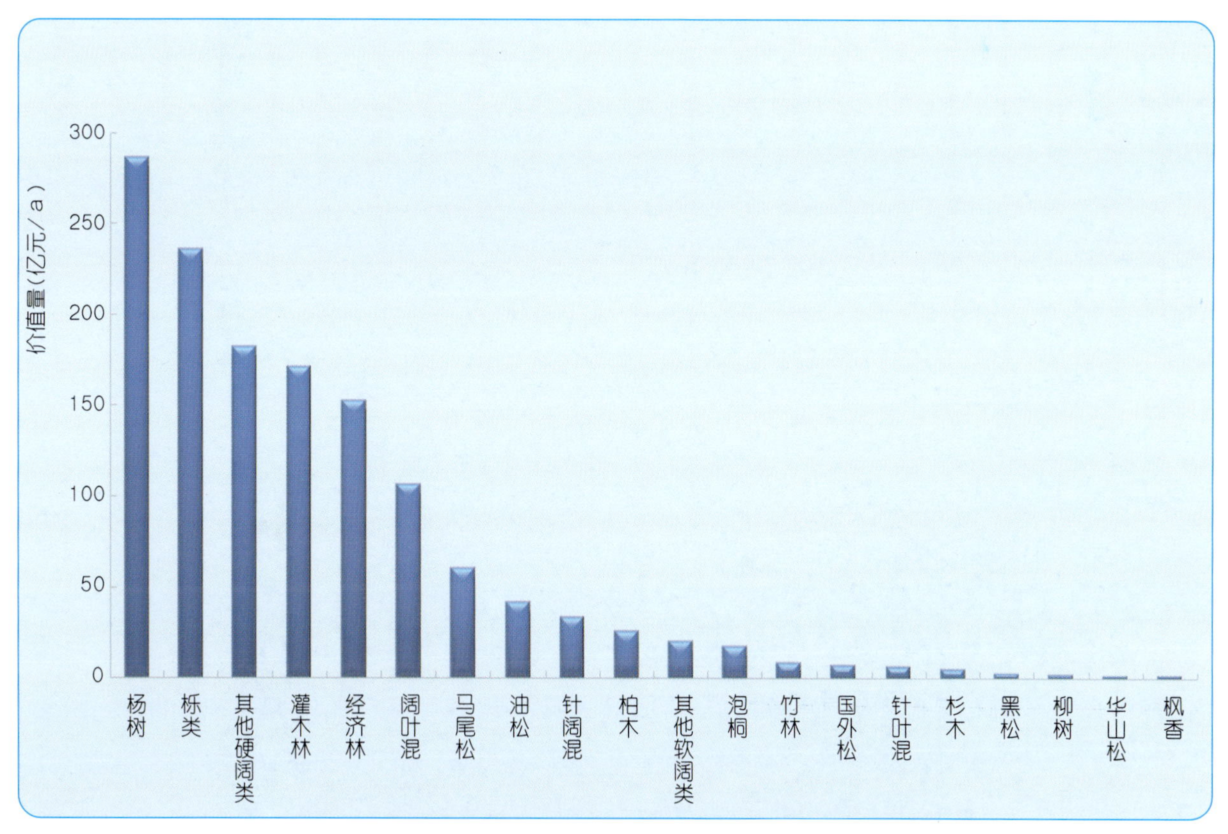

图3　河南省不同林分类型生态服务功能价值量分布图

注：由于资料缺乏，林种与林分类型的生态服务功能价值量未减去森林采伐消耗造成的碳损失。

十七、湖 北 省

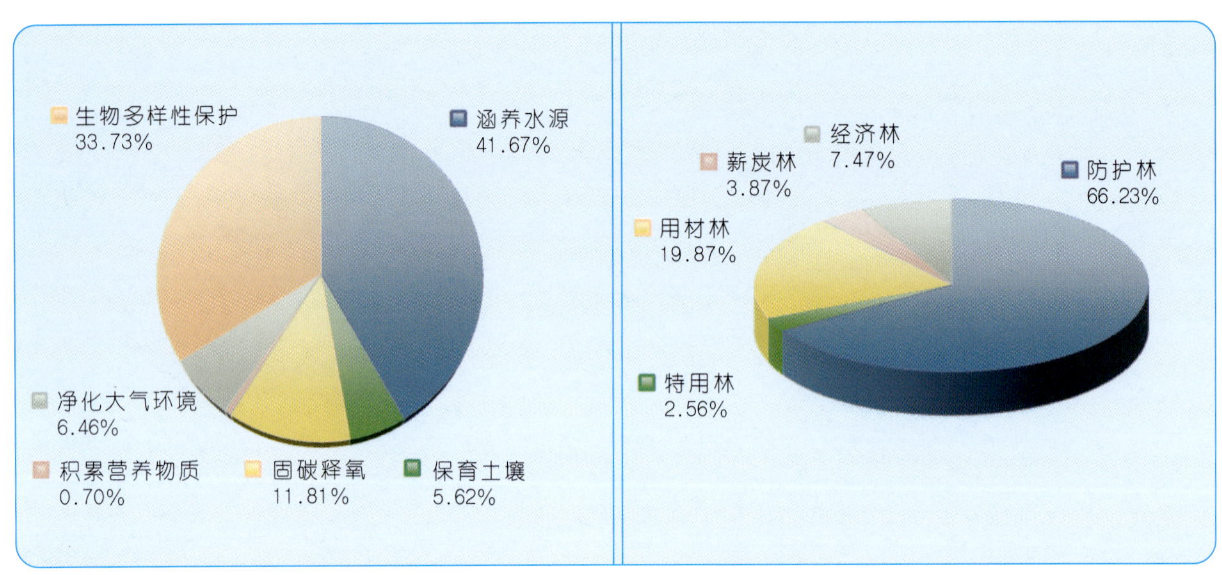

图1 湖北省森林生态服务功能总价值分布图

图2 湖北省五大林种生态服务功能总价值分布图

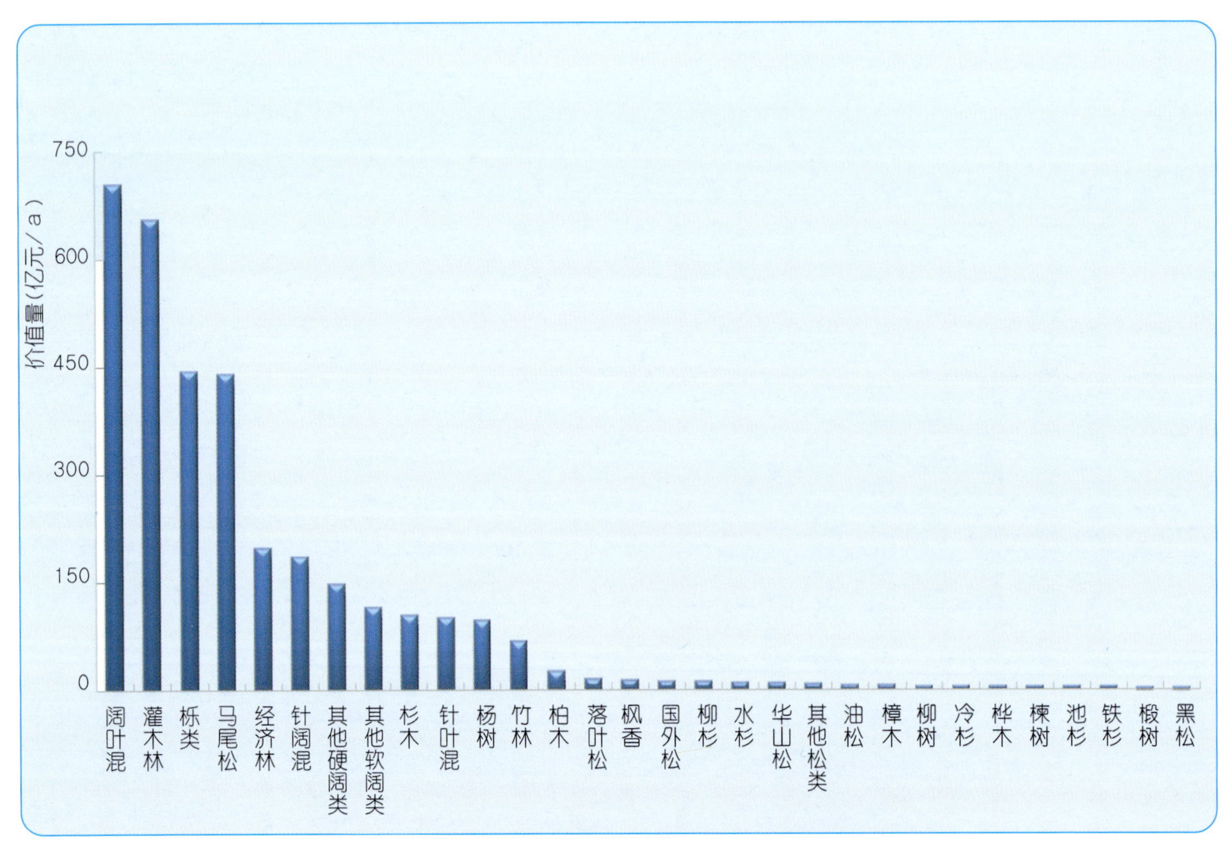

图3 湖北省不同林分类型生态服务功能价值量分布图

注：由于资料缺乏，林种与林分类型的生态服务功能价值量未减去森林采伐消耗造成的碳损失。

十八、湖南省

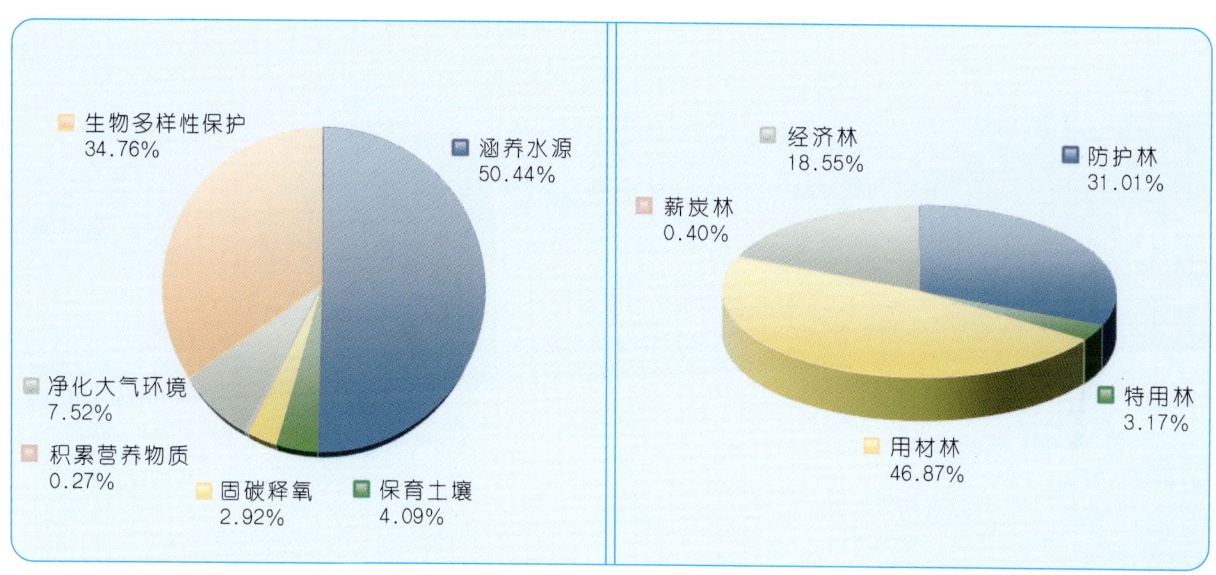

图1　湖南省森林生态服务功能总价值分布图　　图2　湖南省五大林种生态服务功能总价值分布图

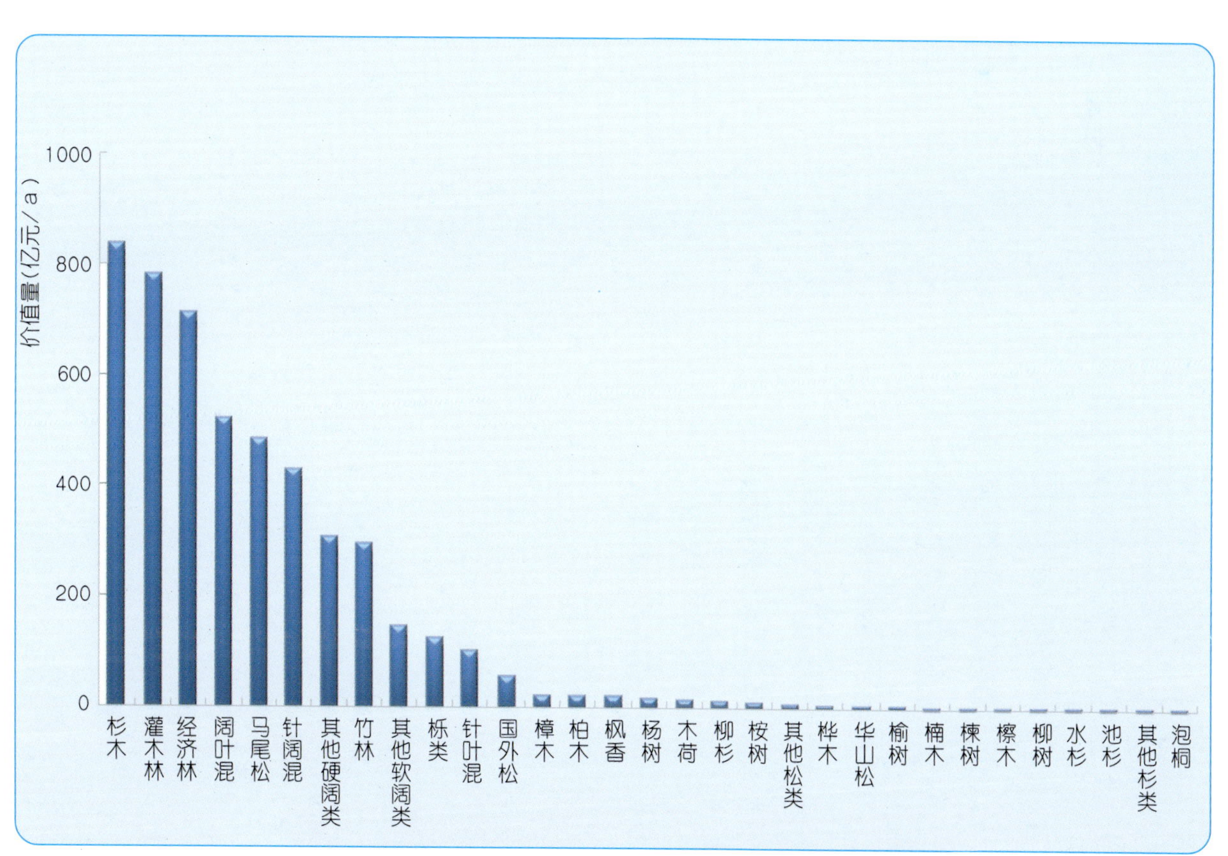

图3　湖南省不同林分类型生态服务功能价值量分布图

注：由于资料缺乏，林种与林分类型的生态服务功能价值量未减去森林采伐消耗造成的碳损失。

十九、广 东 省

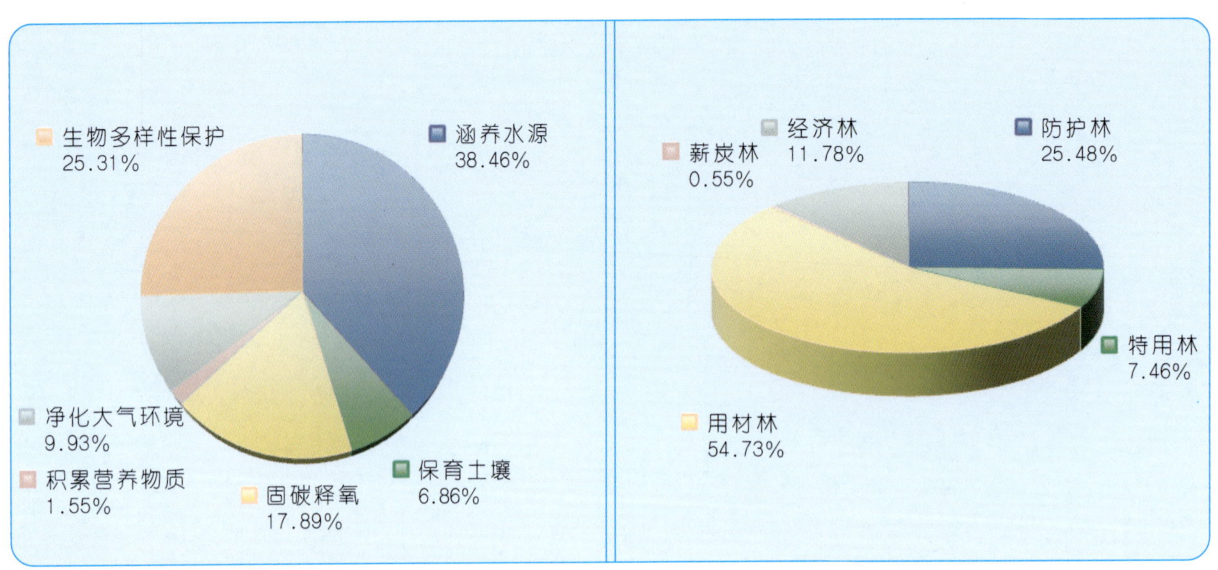

图1　广东省森林生态服务功能总价值分布图　　图2　广东省五大林种生态服务功能总价值分布图

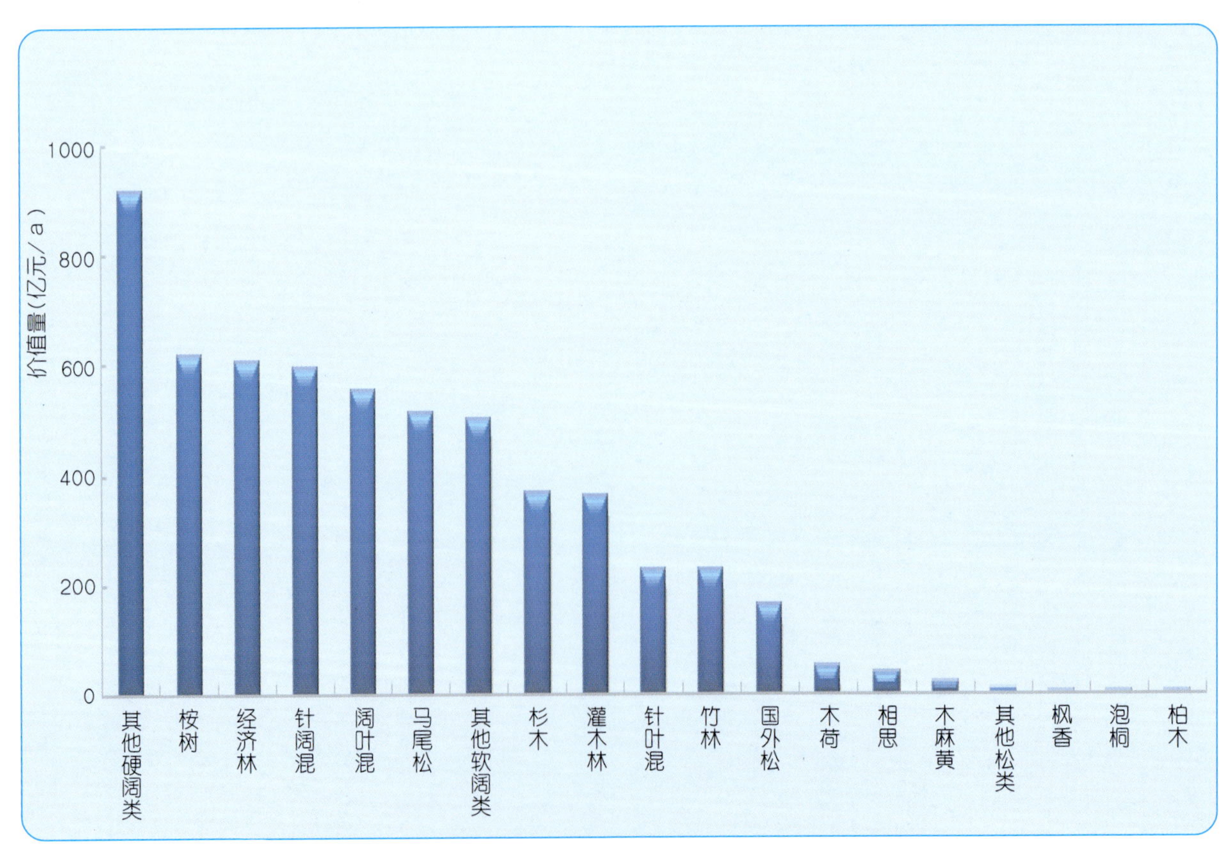

图3　广东省不同林分类型生态服务功能价值量分布图

注：由于资料缺乏，林种与林分类型的生态服务功能价值量未减去森林采伐消耗造成的碳损失。

二十、广西壮族自治区

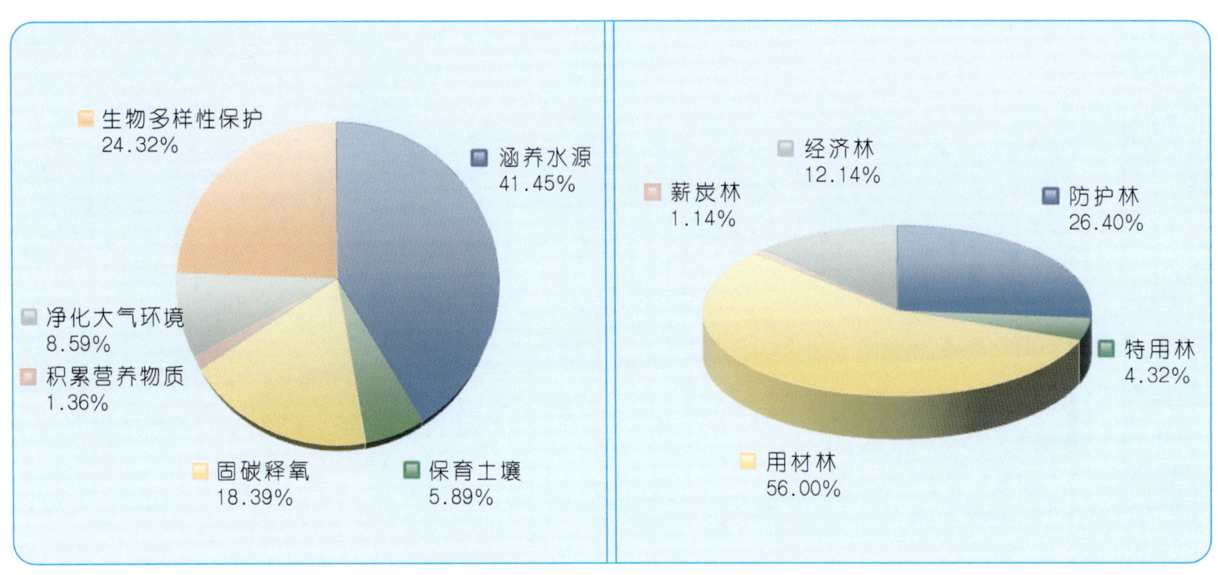

图1　广西森林生态服务功能总价值分布图　　图2　广西五大林种生态服务功能总价值分布图

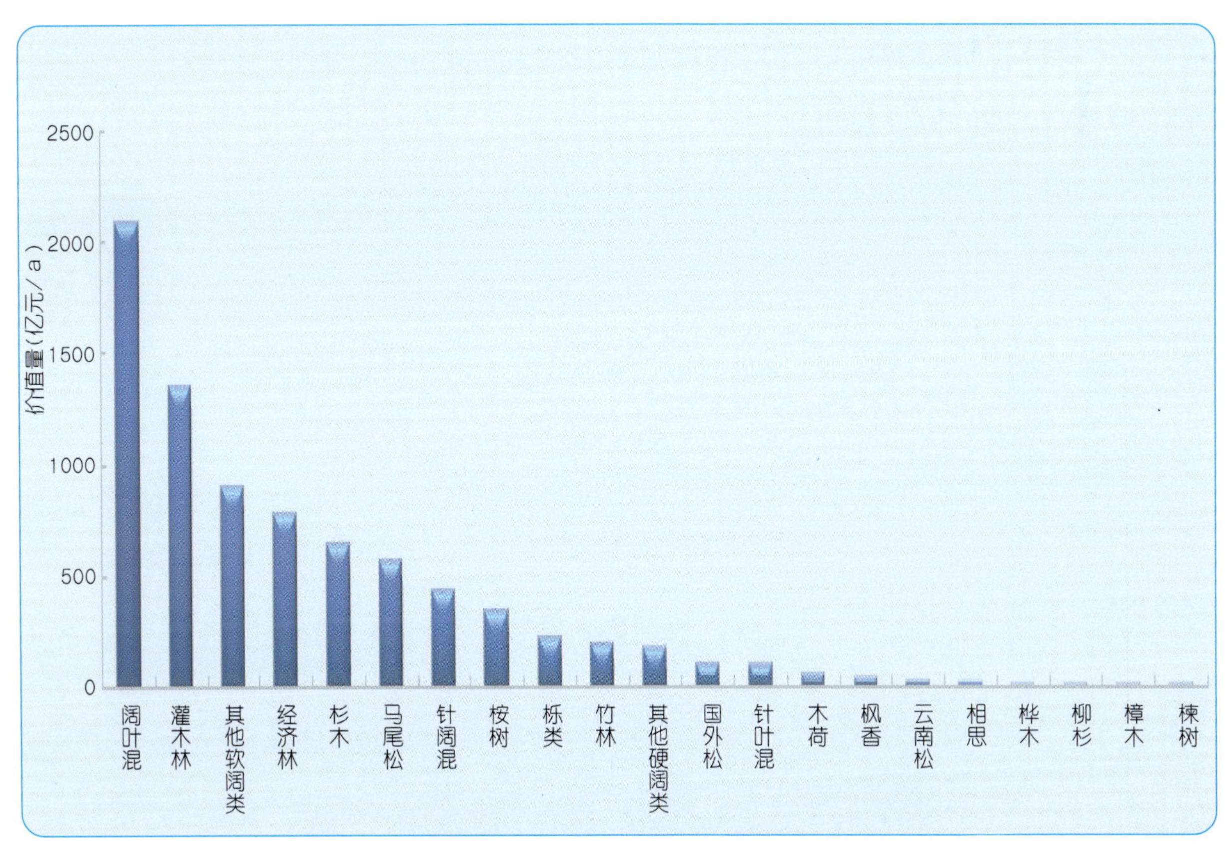

图3　广西不同林分类型生态服务功能价值量分布图

注：由于资料缺乏，林种与林分类型的生态服务功能价值量未减去森林采伐消耗造成的碳损失。

二十一、海 南 省

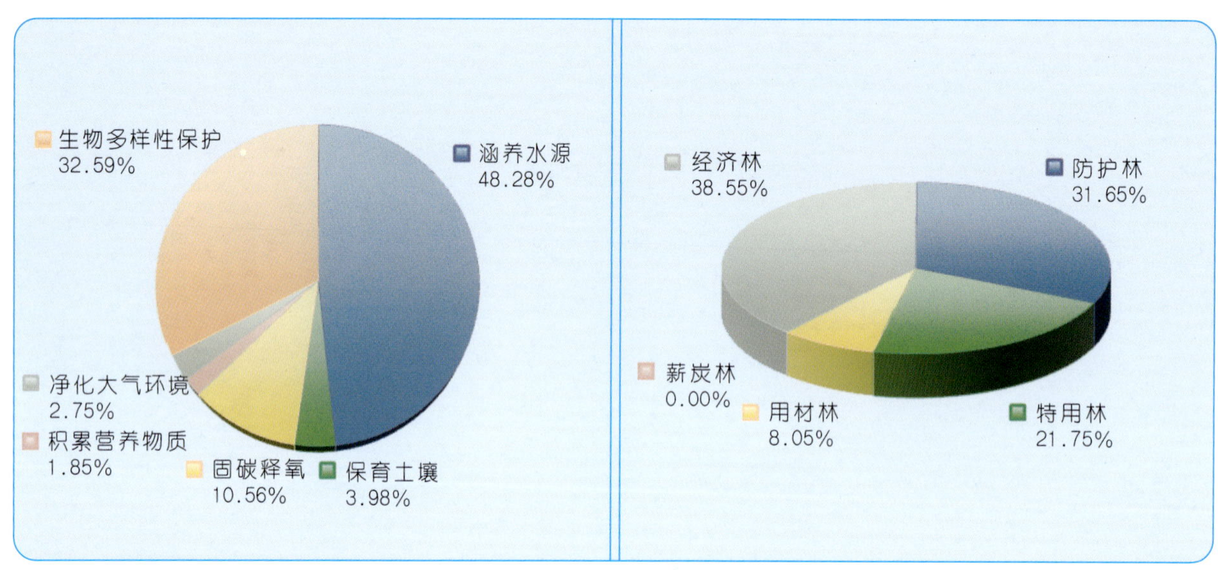

图1 海南省森林生态服务功能总价值分布图

图2 海南省五大林种生态服务功能总价值分布图

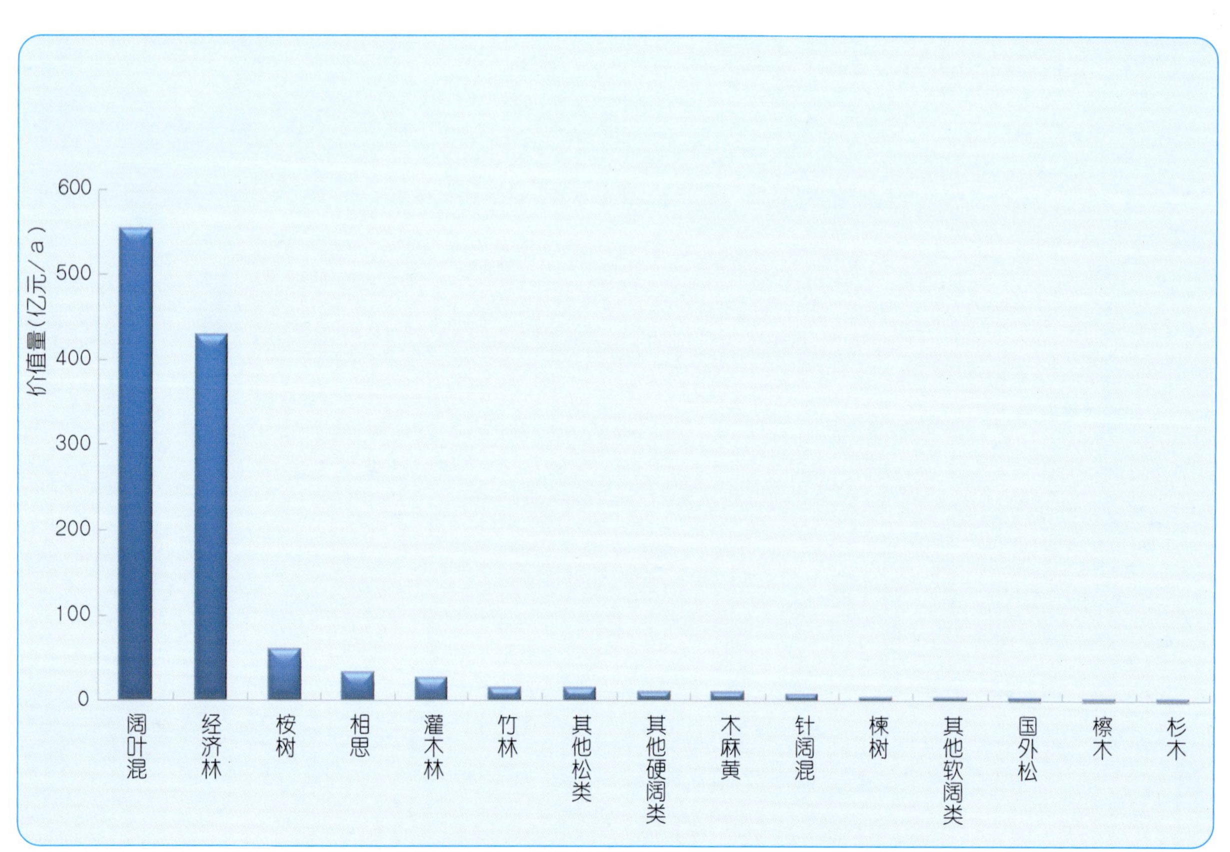

图3 海南省不同林分类型生态服务功能价值量分布图

注:由于资料缺乏,林种与林分类型的生态服务功能价值量未减去森林采伐消耗造成的碳损失。

二十二、重庆市

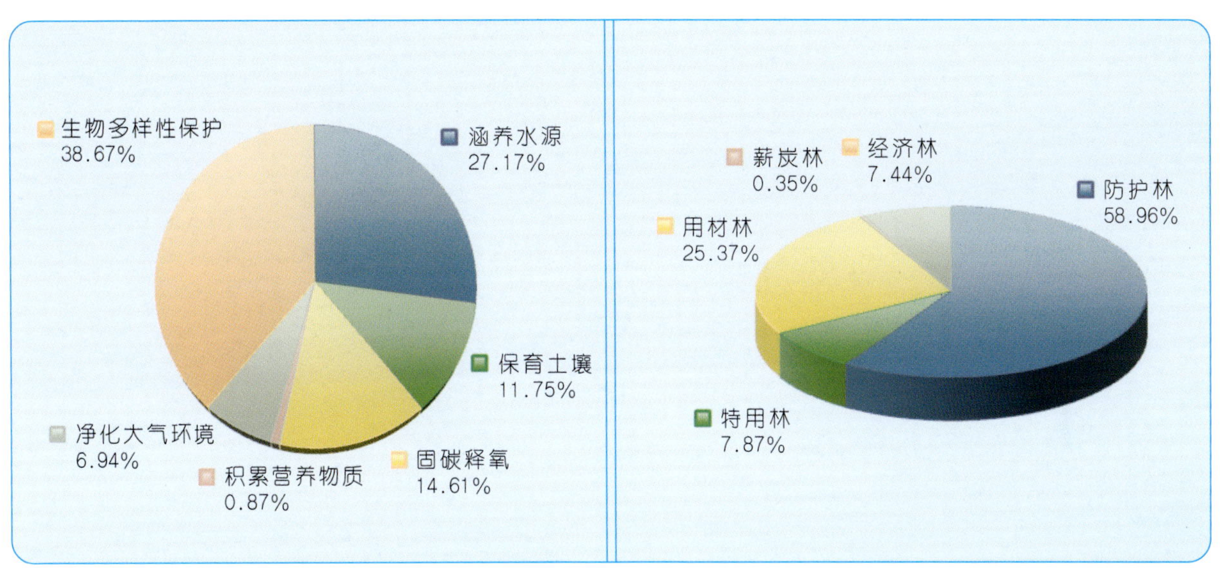

图1　重庆市森林生态服务功能总价值分布图　　图2　重庆市五大林种生态服务功能总价值分布图

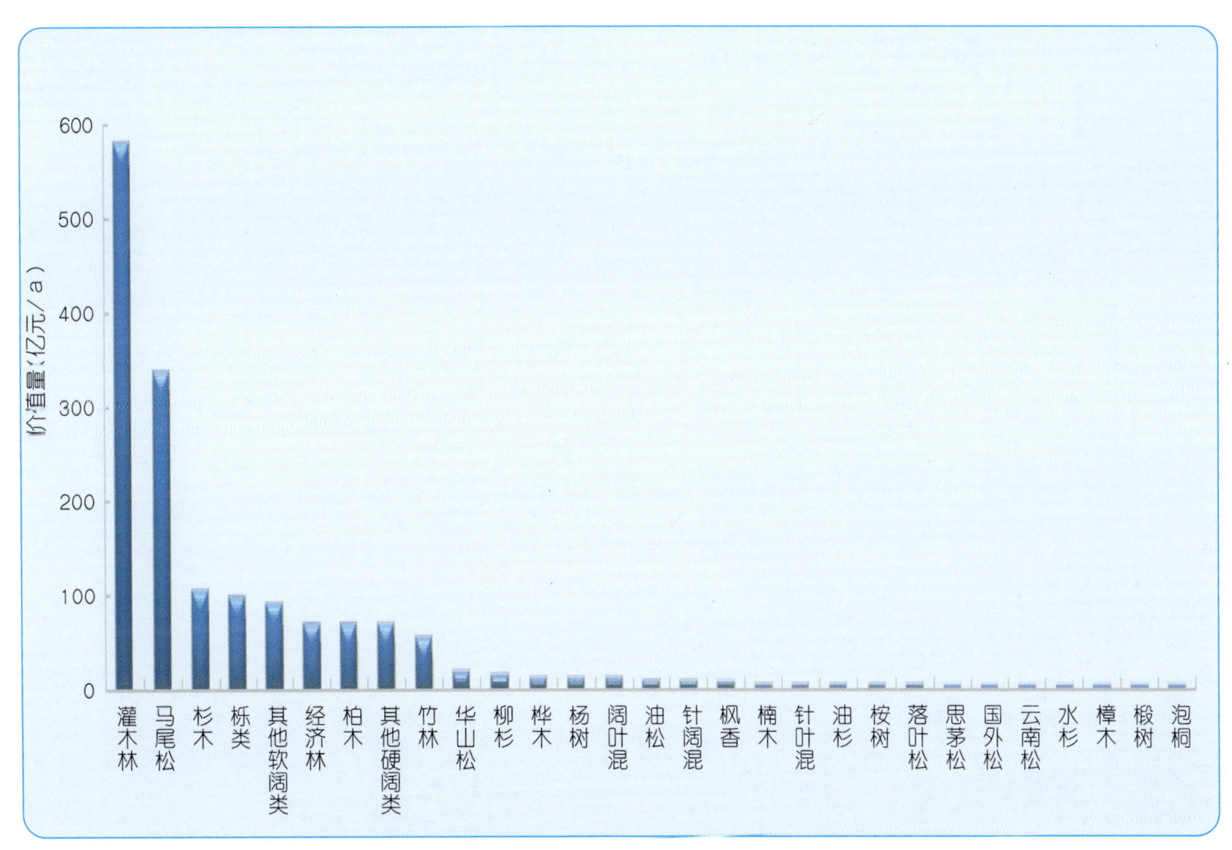

图3　重庆市不同林分类型生态服务功能价值量分布图

注：由于资料缺乏，林种与林分类型的生态服务功能价值量未减去森林采伐消耗造成的碳损失。

二十三、四 川 省

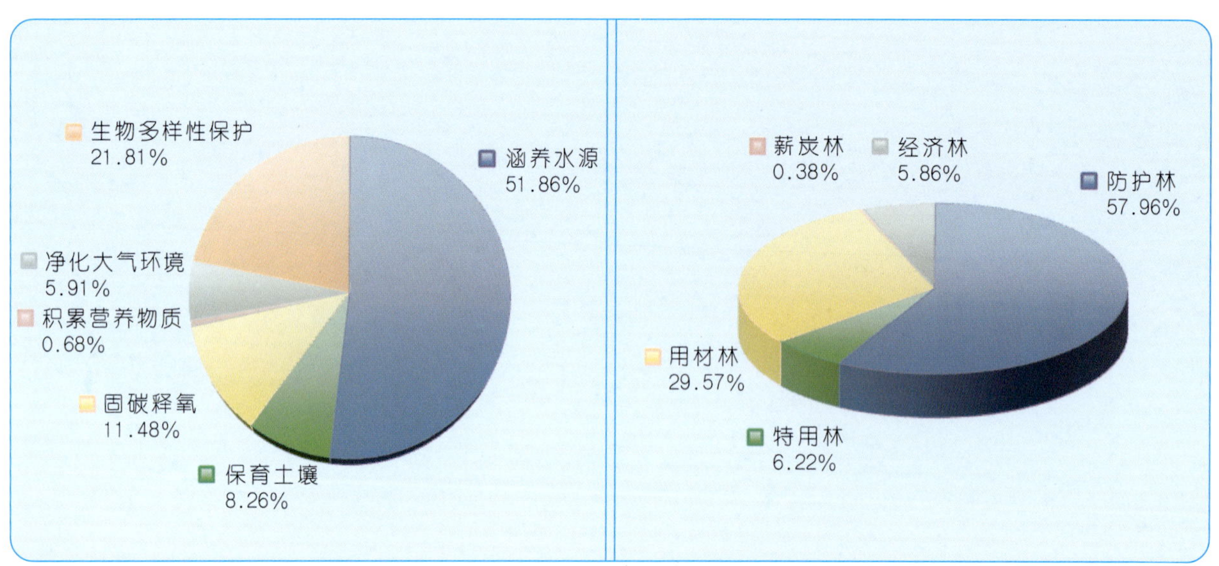

图1 四川省森林生态服务功能总价值分布图　　图2 四川省五大林种生态服务功能总价值分布图

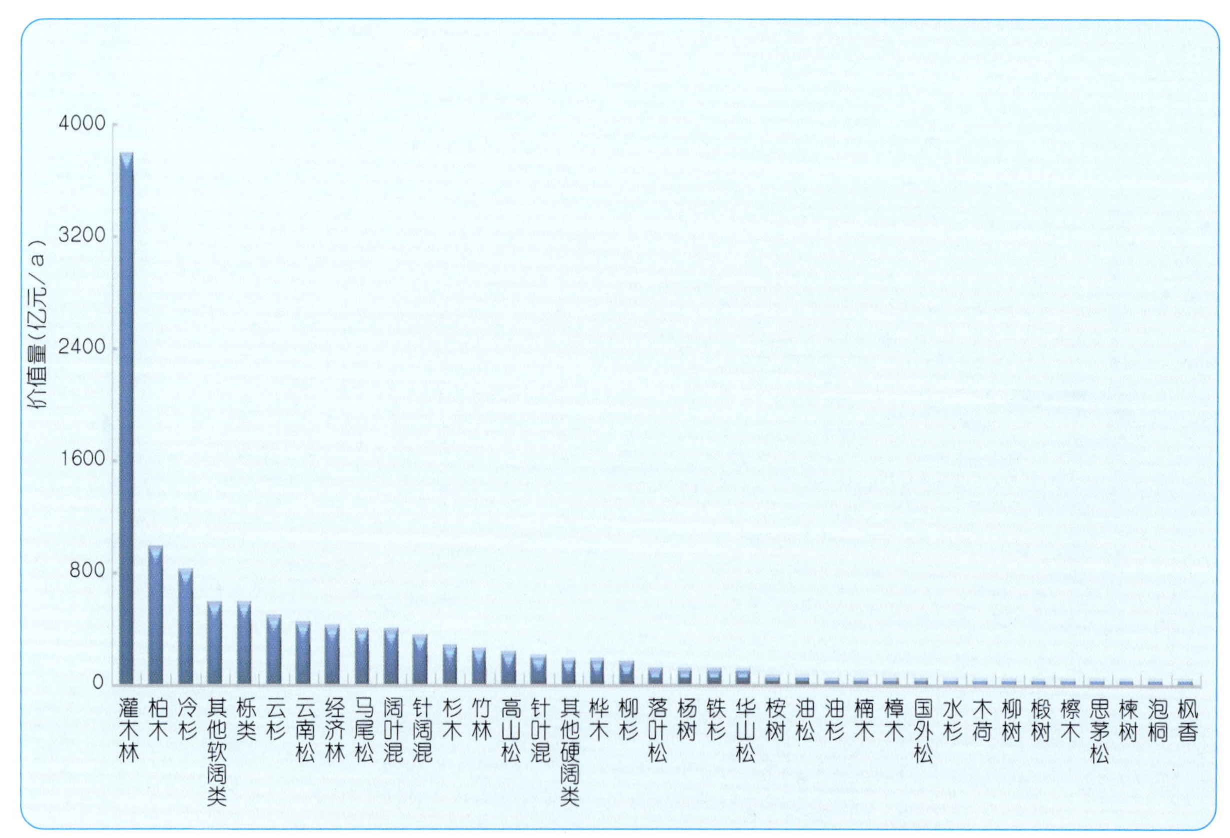

图3 四川省不同林分类型生态服务功能价值量分布图

注：由于资料缺乏，林种与林分类型的生态服务功能价值量未减去森林采伐消耗造成的碳损失。

二十四、贵　州　省

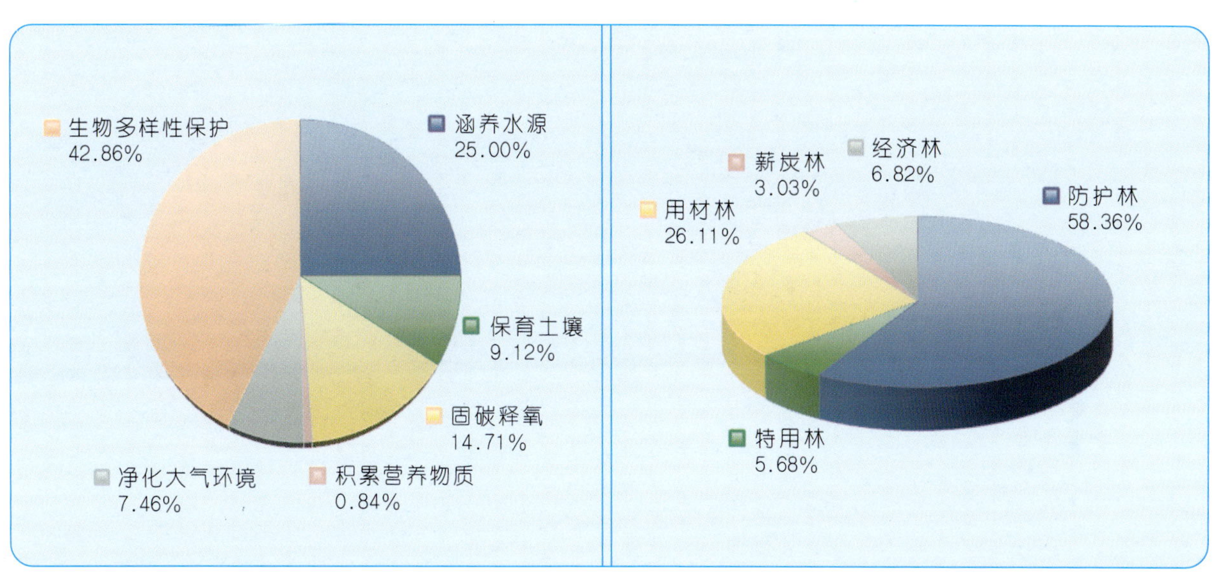

图1　贵州省森林生态服务功能总价值分布图　　图2　贵州省五大林种生态服务功能总价值分布图

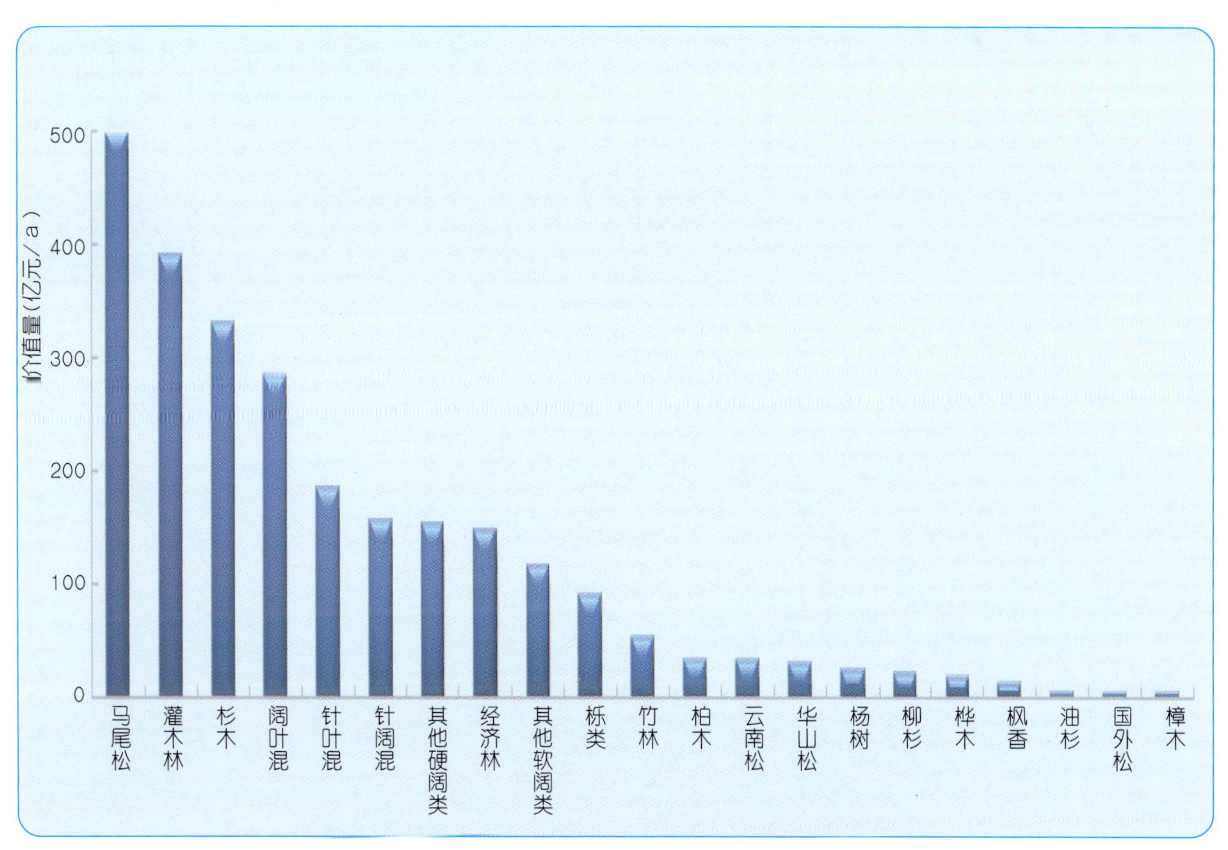

图3　贵州省不同林分类型生态服务功能价值量分布图

注：由于资料缺乏，林种与林分类型的生态服务功能价值量未减去森林采伐消耗造成的碳损失。

二十五、云 南 省

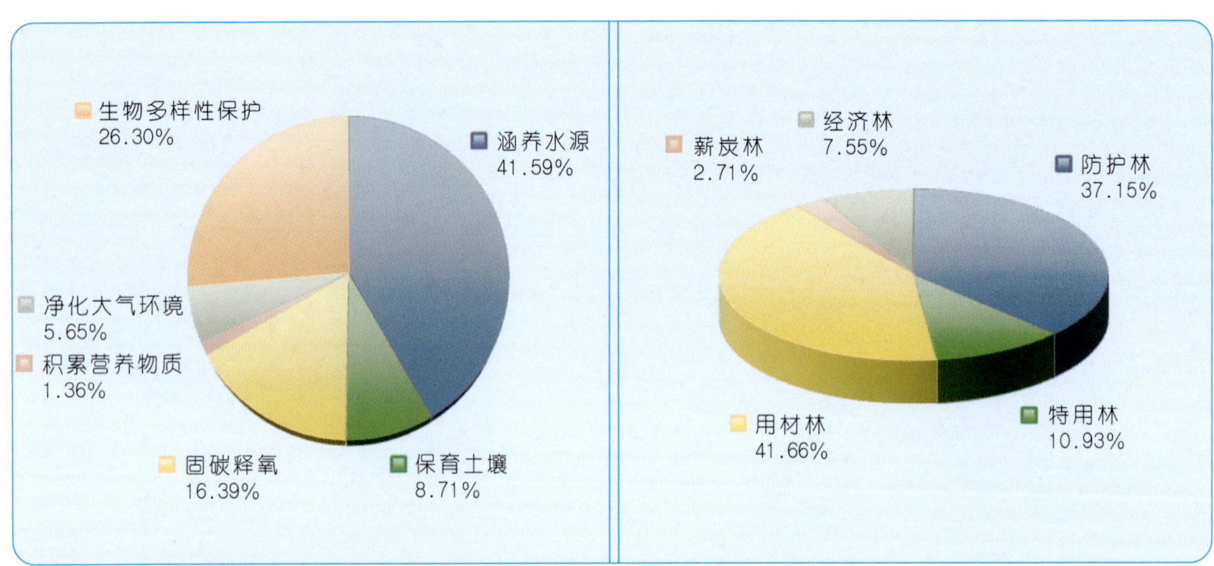

图1 云南省森林生态服务功能总价值分布图　　图2 云南省五大林种生态服务功能总价值分布图

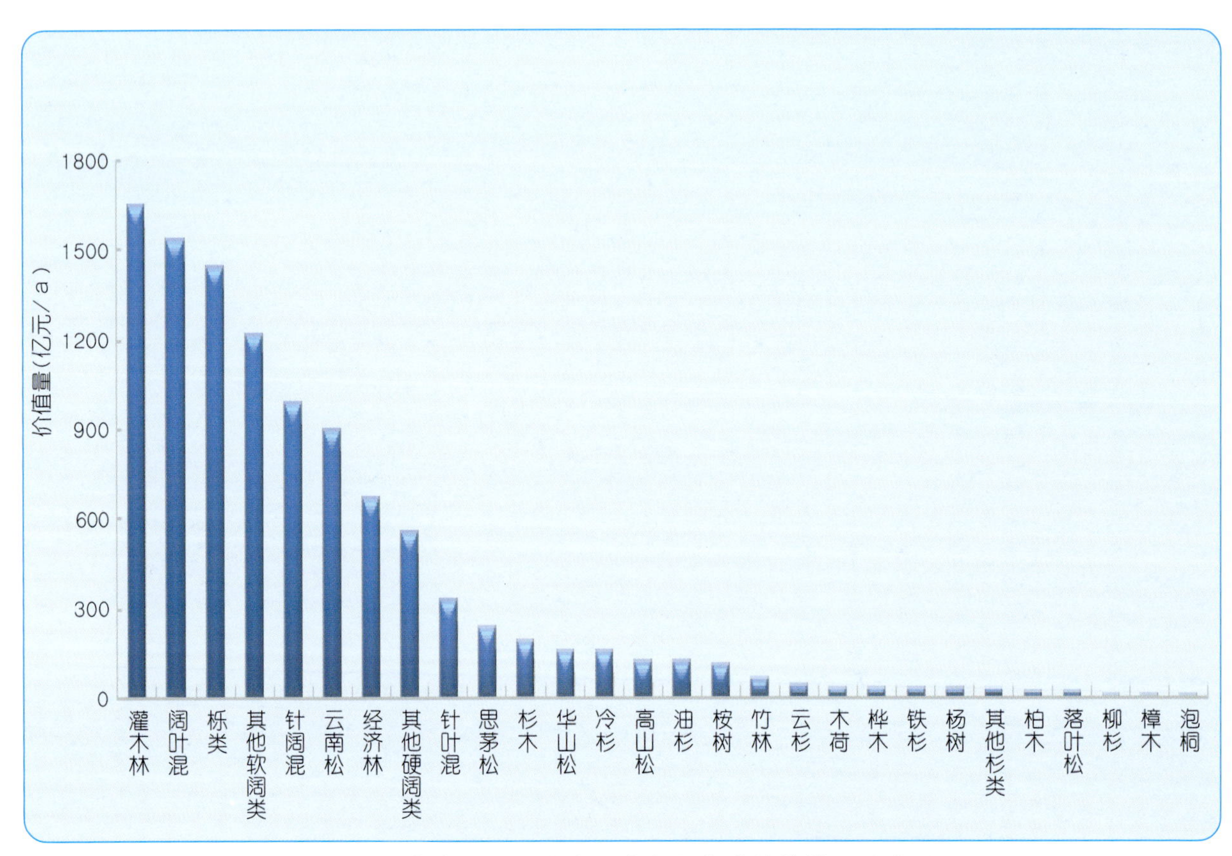

图3 云南省不同林分类型生态服务功能价值量分布图

注：由于资料缺乏，林种与林分类型的生态服务功能价值量未减去森林采伐消耗造成的碳损失。

二十六、西藏自治区

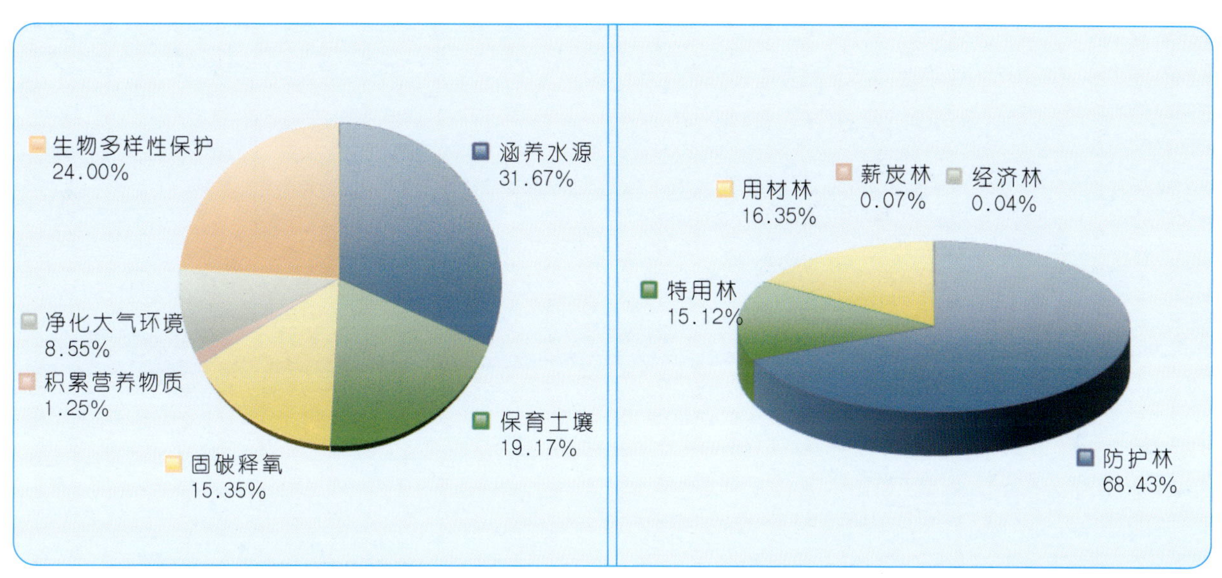

图1　西藏森林生态服务功能总价值分布图　　图2　西藏五大林种生态服务功能总价值分布图

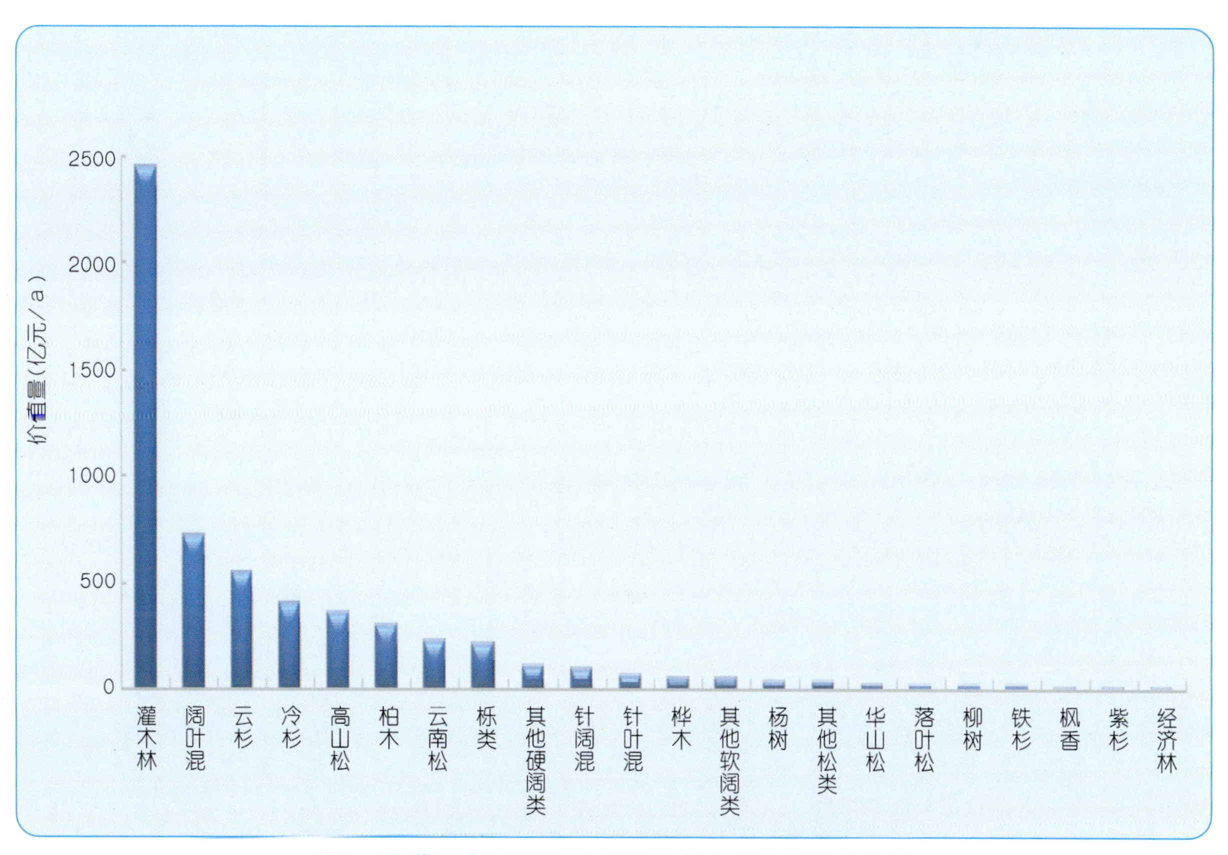

图3　西藏不同林分类型生态服务功能价值量分布图

注：由于资料缺乏，林种与林分类型的生态服务功能价值量未减去森林采伐消耗造成的碳损失。

二十七、陕 西 省

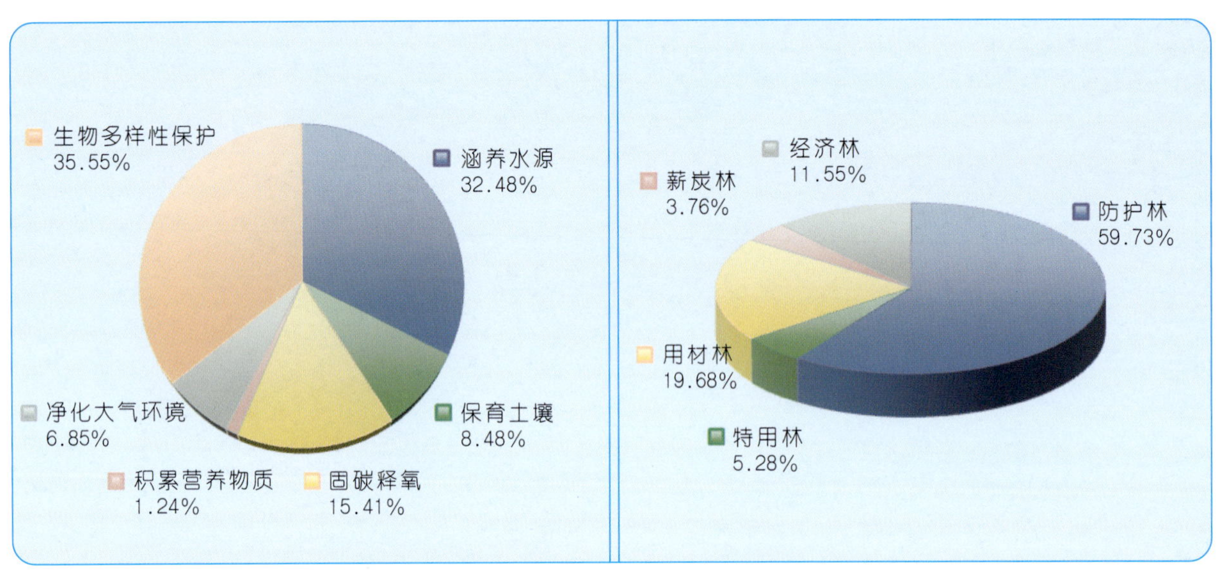

图1 陕西省森林生态服务功能总价值分布图　　图2 陕西省五大林种生态服务功能总价值分布图

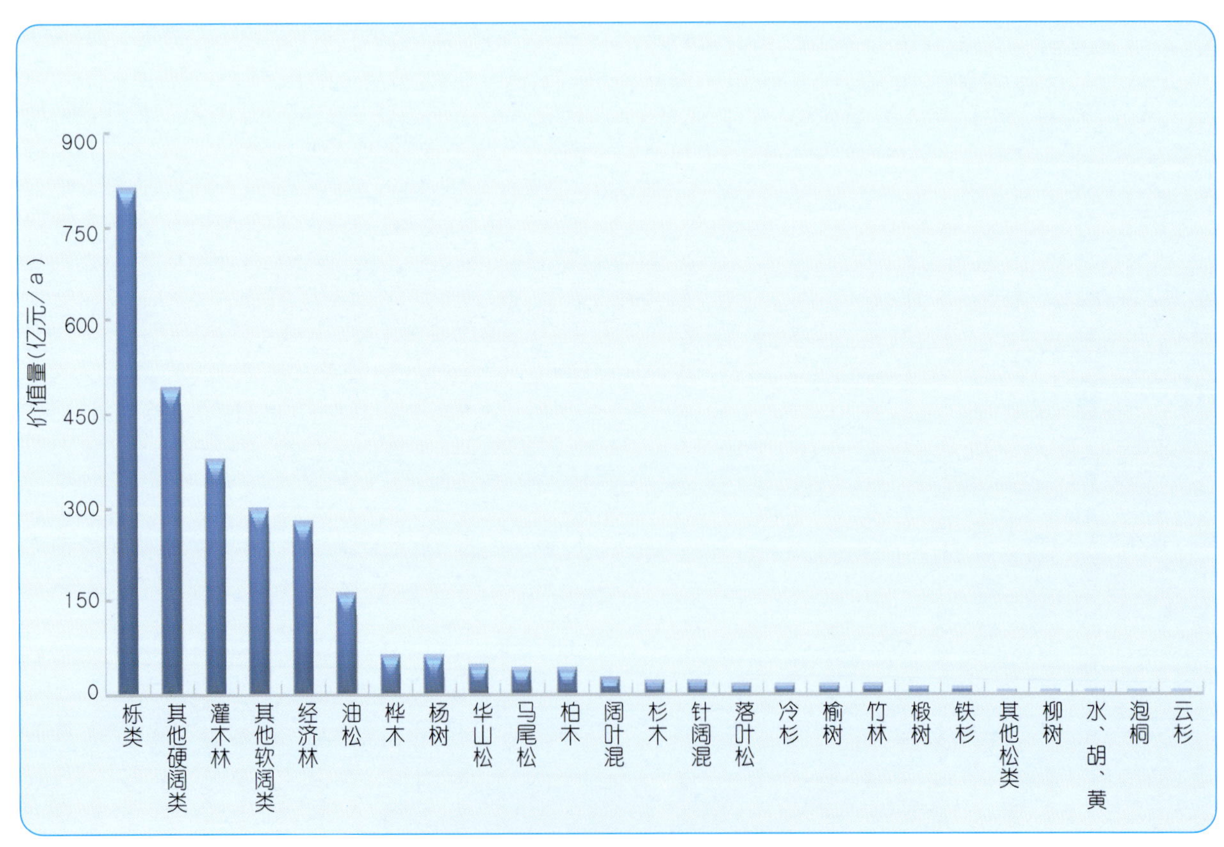

图3 陕西省不同林分类型生态服务功能价值量分布图

注:由于资料缺乏,林种与林分类型的生态服务功能价值量未减去森林采伐消耗造成的碳损失。

二十八、甘 肃 省

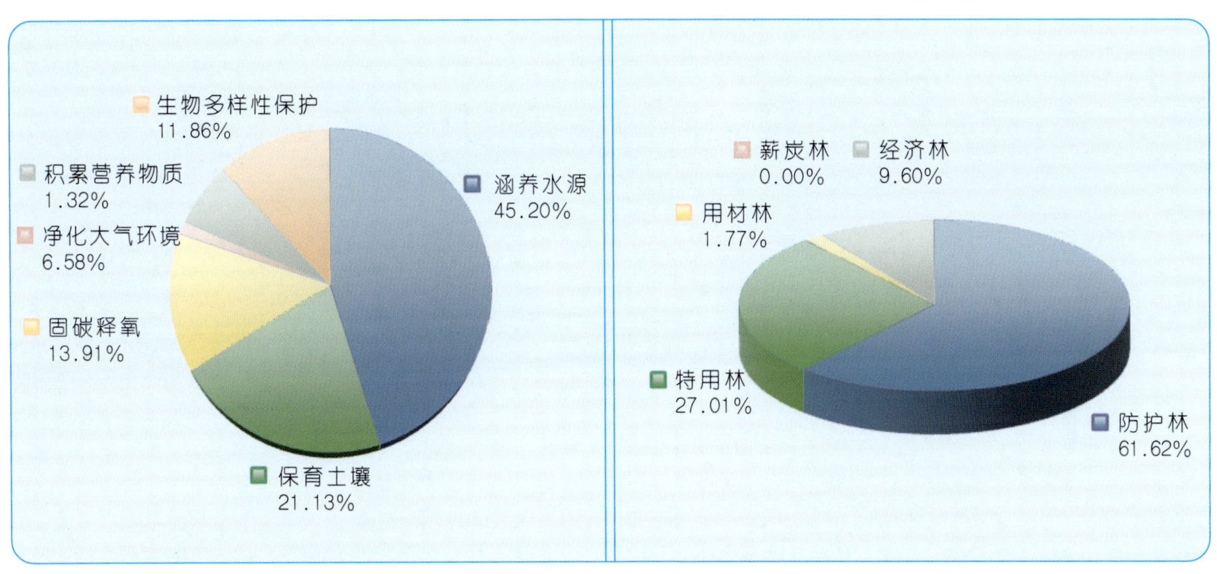

图1 甘肃省森林生态服务功能总价值分布图　　图2 甘肃省五大林种生态服务功能总价值分布图

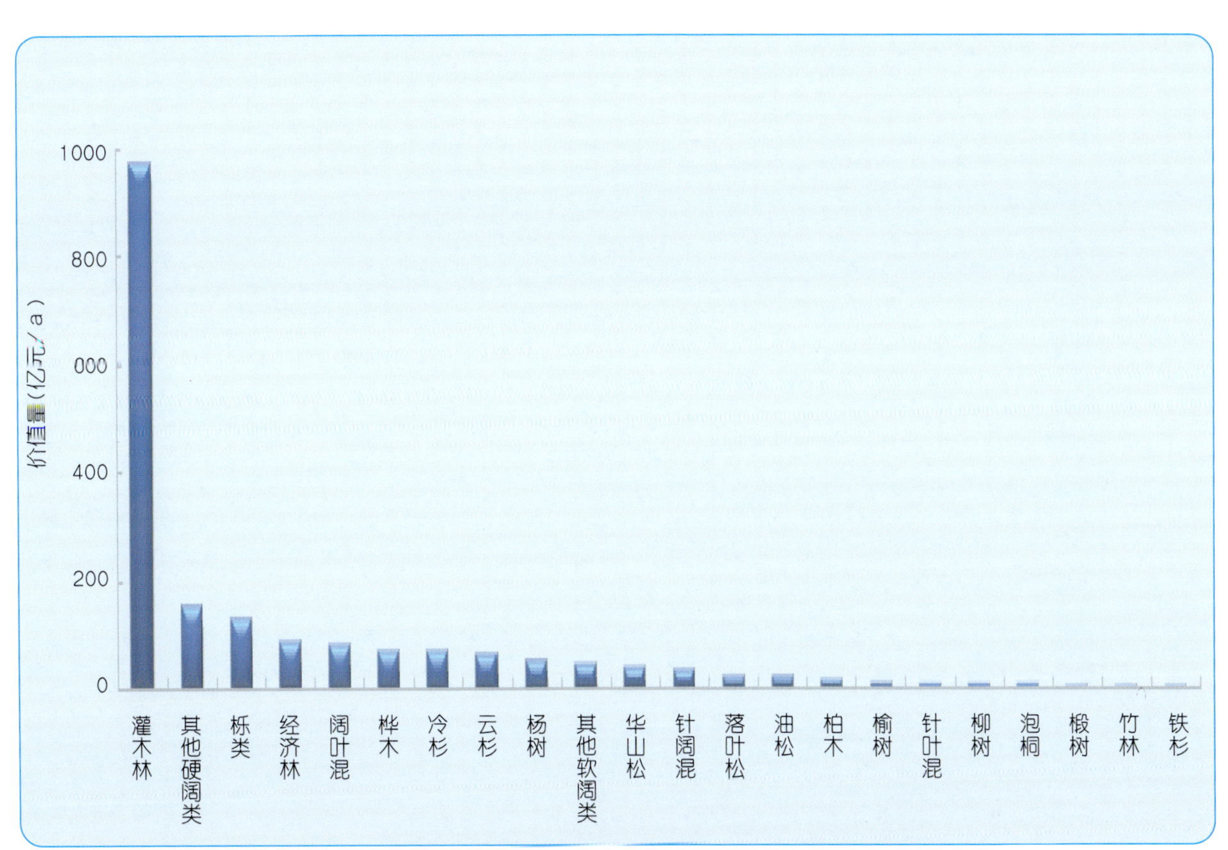

图3 甘肃省不同林分类型生态服务功能价值量分布图

注：由于资料缺乏，林种与林分类型的生态服务功能价值量未减去森林采伐消耗造成的碳损失。

二十九、青 海 省

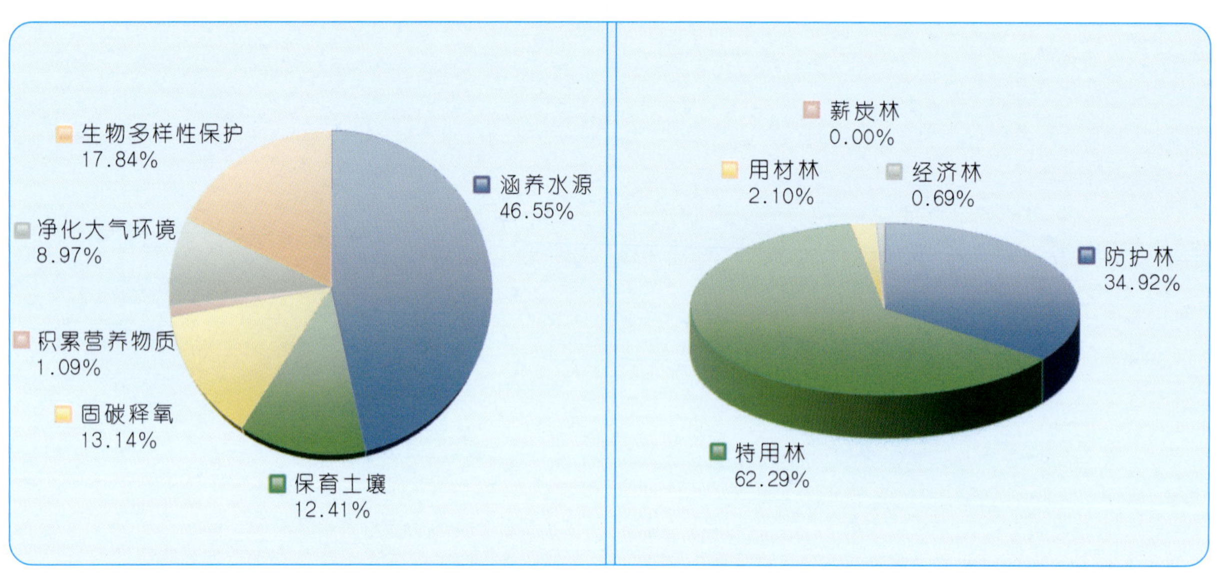

图1 青海省森林生态服务功能总价值分布图　　图2 青海省五大林种生态服务功能总价值分布图

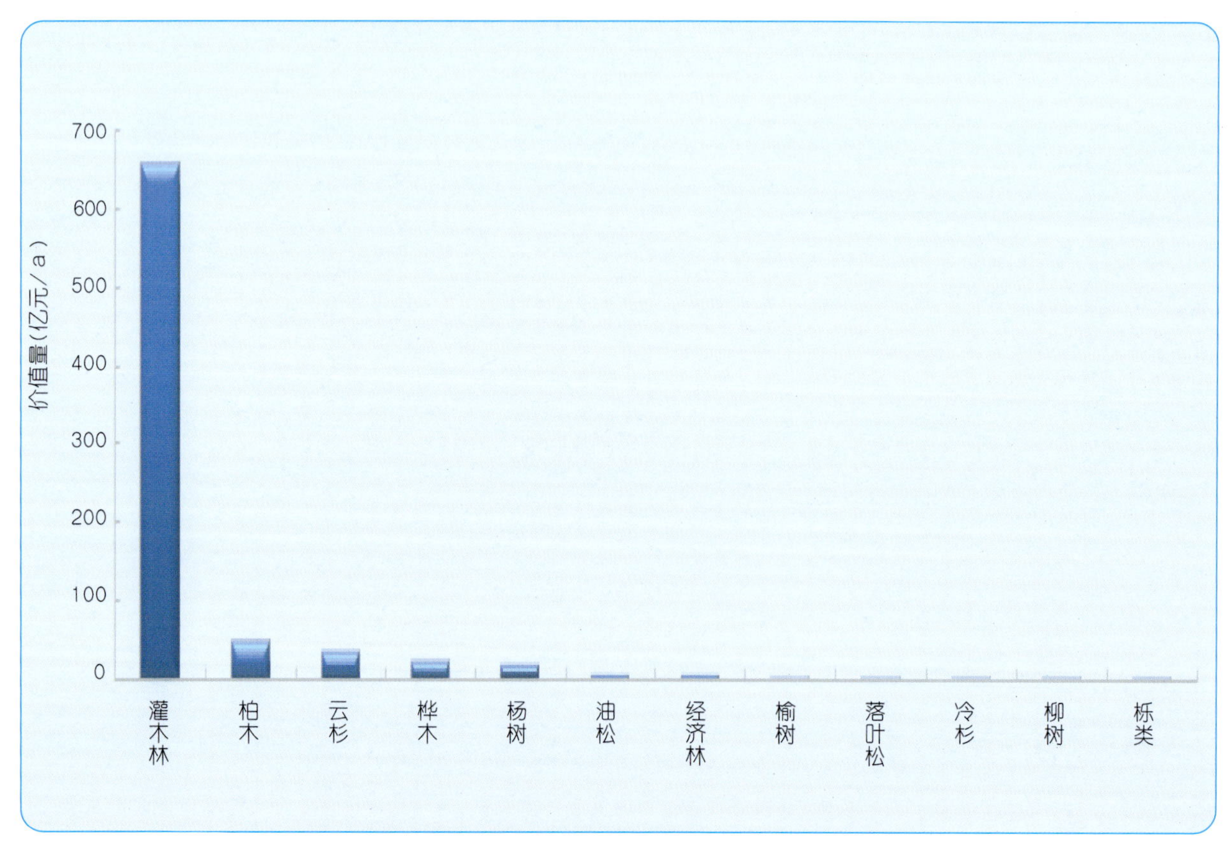

图3 青海省不同林分类型生态服务功能价值量分布图

注:由于资料缺乏,林种与林分类型的生态服务功能价值量未减去森林采伐消耗造成的碳损失。

三十、宁夏回族自治区

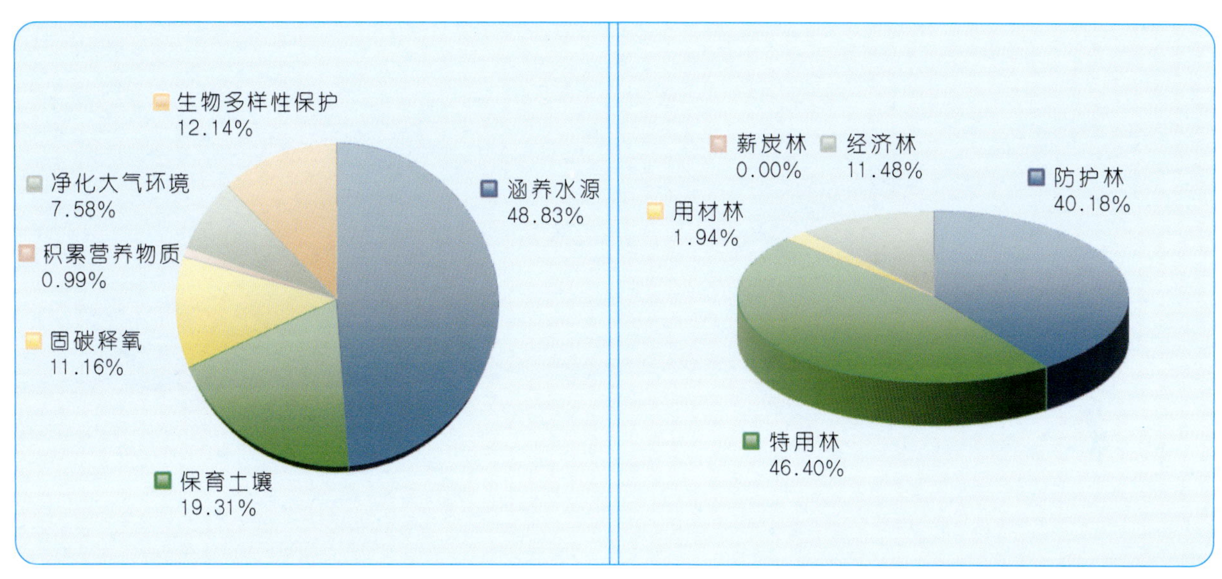

图1　宁夏森林生态服务功能总价值分布图　　图2　宁夏五大林种生态服务功能总价值分布图

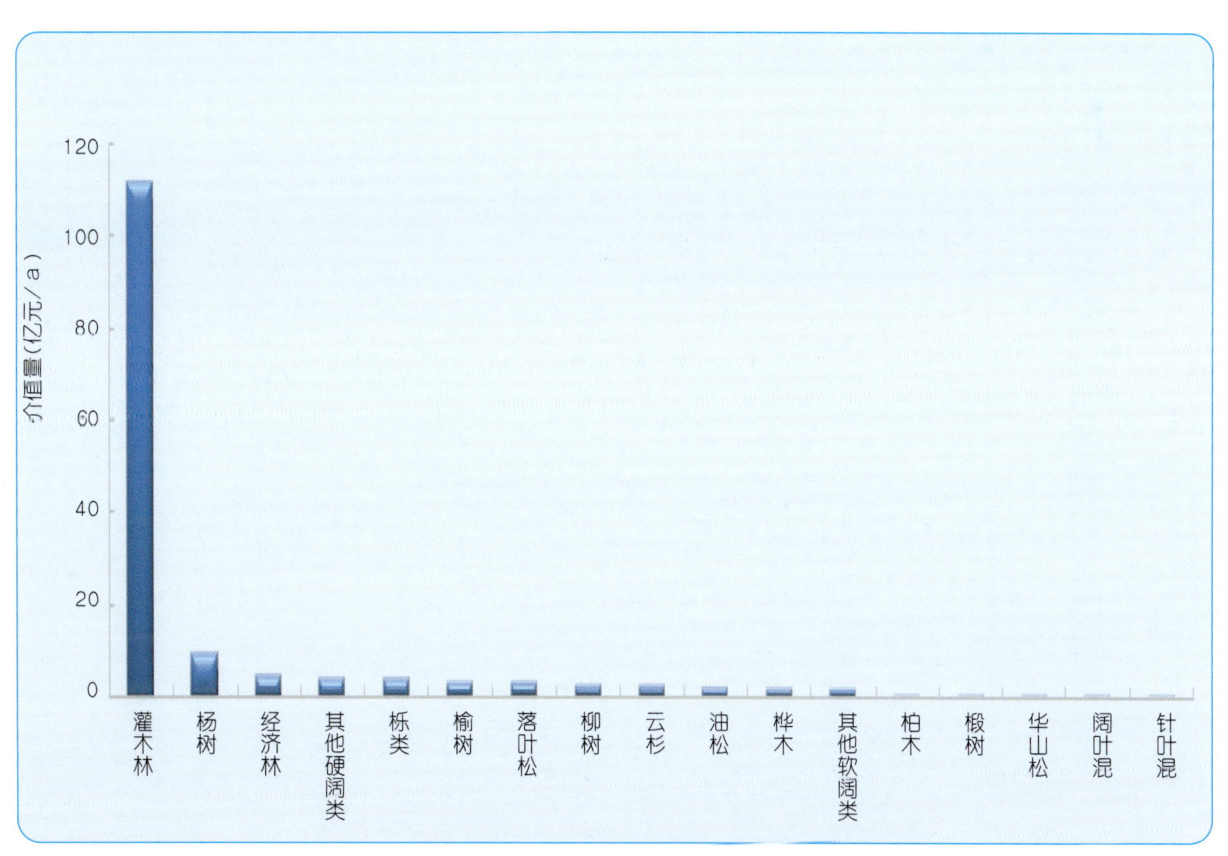

图3　宁夏不同林分类型生态服务功能价值量分布图

注：由于资料缺乏，林种与林分类型的生态服务功能价值量未减去森林采伐消耗造成的碳损失。

三十一、 新疆维吾尔自治区

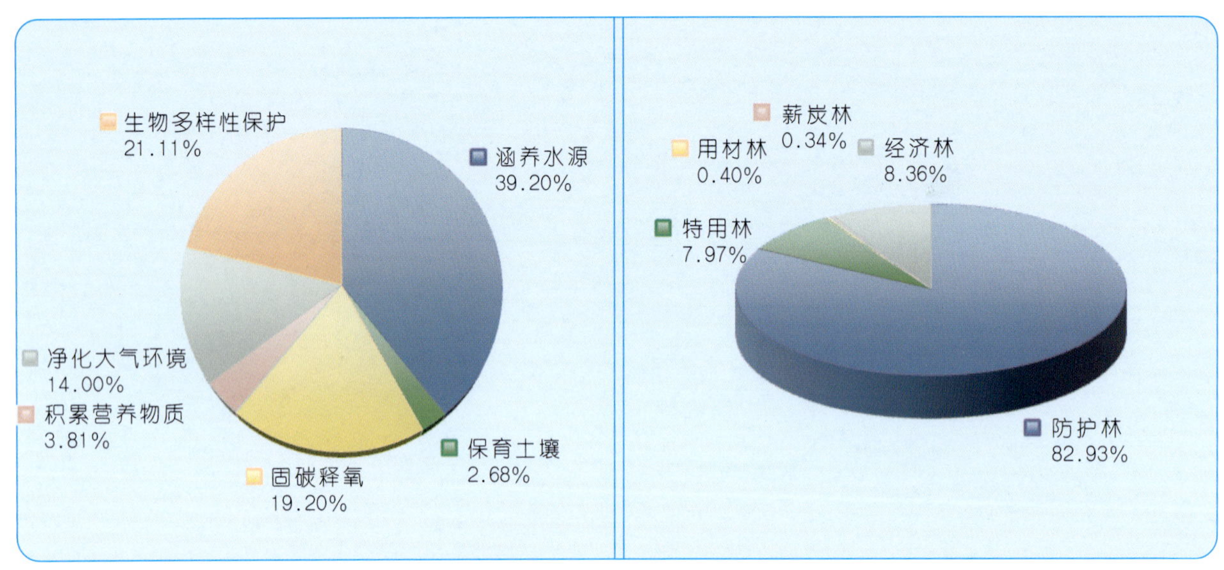

图1 新疆森林生态服务功能总价值分布图　　图2 新疆五大林种生态服务功能总价值分布图

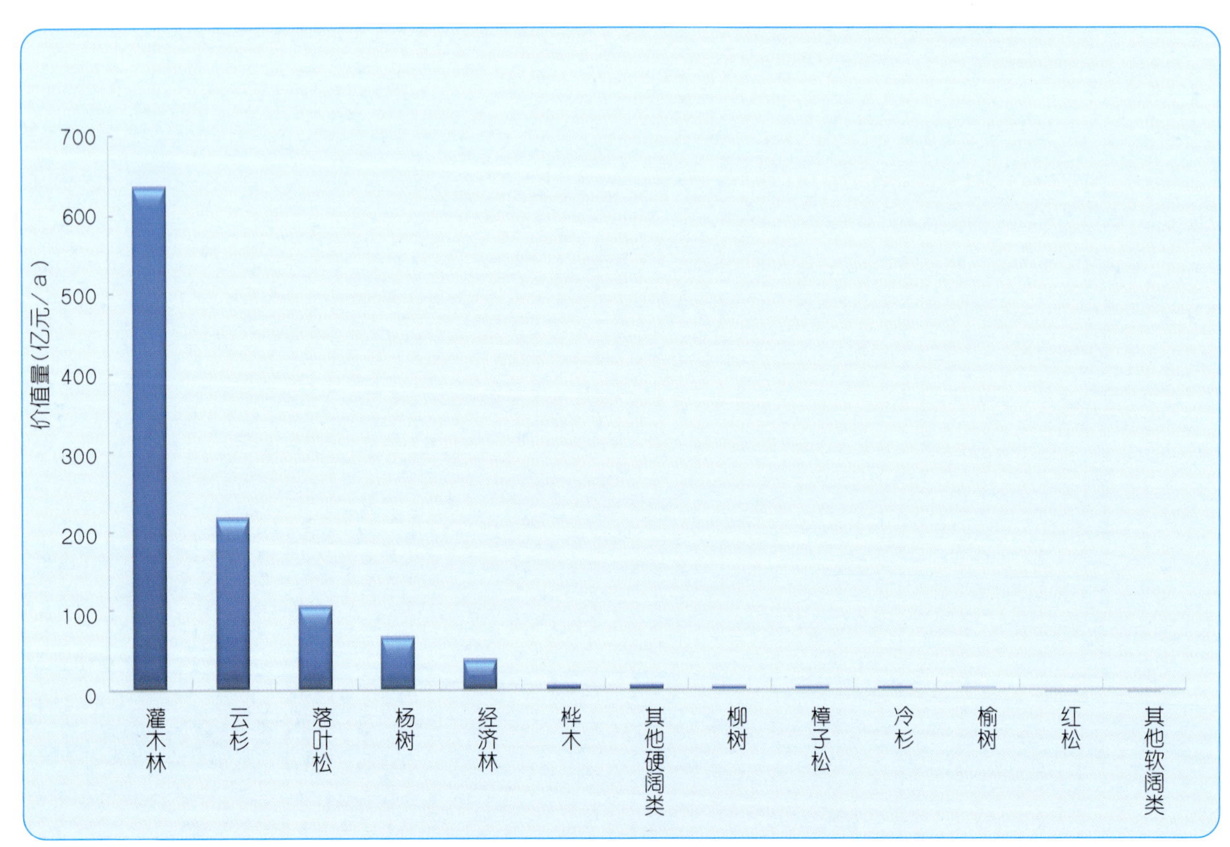

图3 新疆不同林分类型生态服务功能价值量分布图

注:由于资料缺乏,林种与林分类型的生态服务功能价值量未减去森林采伐消耗造成的碳损失。

ICS 65.020
B 65

中华人民共和国林业行业标准

LY/T 1721—2008

森林生态系统服务功能评估规范

Specifications for assessment of forest ecosystem services in China

2008-03-31 发布　　2008-05-01 实施

国家林业局　发布

前　　言

本标准由国家林业局提出并归口。

本标准负责起草单位：中国林业科学研究院森林生态环境与保护研究所。

本标准参加起草单位：北京林业大学、北京中林资产评估有限公司。

本标准主要起草人：王兵、杨锋伟、郭浩、李少宁、王燕、马向前、余新晓、鲁绍伟、王宏伟、魏文俊。

本标准首次发布。

森林生态系统服务功能评估规范

1 范围

本标准规定了森林生态系统服务功能评估的数据来源、评估指标体系、评估公式等。

本标准适用于中华人民共和国范围内森林生态系统主要生态服务功能评估工作，但不涉及林木资源价值、林副产品和林地自身价值。

2 术语和定义

下列术语和定义适用于本标准。

2.1

森林生态系统服务功能 forest ecosystem services

森林生态系统与生态过程所形成及维持的人类赖以生存的自然环境条件与效用。主要包括森林在涵养水源、保育土壤、固碳释氧、积累营养物质、净化大气环境、森林防护、生物多样性保护和森林游憩等方面提供的生态服务功能。

2.2

森林生态系统服务功能评估 assessment of forest ecosystem services

采用森林生态系统长期连续定位观测数据、森林资源清查数据及社会公共数据对森林生态系统服务功能开展的实物量与价值量评估。

2.3

涵养水源 water conservation

森林对降水的截留、吸收和贮存，将地表水转为地表径流或地下水的作用。主要功能表现在增加可利用水资源、净化水质和调节径流三个方面。

2.4

保育土壤 soil conservation

森林中活地被物和凋落物层层截留降水，降低水滴对表土的冲击和地表径流的侵蚀作用；同时林木根系固持土壤，防止土壤崩塌泻溜，减少土壤肥力损失以及改善土壤结构的功能。

2.5

固碳释氧 carbon fixation, oxygen released

森林生态系统通过森林植被、土壤动物和微生物固定碳素、释放氧气的功能。

2.6

积累营养物质 nutrient accumulation

森林植物通过生化反应，在大气、土壤和降水中吸收氮、磷、钾等营养物质并贮存在体内各器官的功能。森林植被的积累营养物质功能对降低下游面源污染及水体富营养化有重要作用。

2.7

净化大气环境 atmosphere environmental purification

森林生态系统对大气污染物（如二氧化硫、氟化物、氮氧化物、粉尘、重金属等）的吸收、过滤、阻隔和分解，以及降低噪音、提供负离子和萜烯类（如芬多精）物质等功能。

2.8

森林防护 action of forest against natural calamities

防风固沙林、农田牧场防护林、护岸林、护路林等防护林降低风沙、干旱、洪水、台风、盐碱、霜冻、沙压等自然灾害危害的功能。

2.9

物种保育　species conservation

森林生态系统为生物物种提供生存与繁衍的场所，从而对其起到保育作用的功能。

2.10

森林游憩　forest recreation

森林生态系统为人类提供休闲和娱乐的场所，使人消除疲劳、愉悦身心、有益健康的功能。

2.11

净初级生产力　net primary production（NPP）

绿色植物光合作用固定的有机物总量与植物自养呼吸的有机物质之差。

2.12

提供负离子　negative - ion supply

空气负离子就是大气中的中性分子或原子，在自然界电离源的作用下，其外层电子脱离原子核的束缚而成为自由电子，自由电子很快会附着在气体分子或原子上，特别容易附着在氧分子和水分子上，而成为空气负离子。森林的树冠、枝叶的尖端放电以及光合作用过程的光电效应均会促使空气电解，产生大量的空气负离子。植物释放的挥发性物质如植物精气（又叫芬多精）等也能促进空气电离，从而增加空气负离子浓度。

3　数据来源

根据我国森林生态系统研究现状，本标准推荐在森林生态系统服务功能评估中最大限度地使用森林生态站长期连续观测的实测数据，以保证评估结果的准确性。

本标准所用数据主要有三个来源：

a）中国森林生态系统定位研究网络（CFERN）所属森林生态站依据森林生态系统定位观测指标体系（LY/T 1606—2003）开展的长期定位连续观测研究数据集；

b）国家林业局森林资源清查数据；

c）权威机构公布的社会公共资源数据。

4　评估指标体系

评估指标体系见图 1，共包括 8 个类别 14 个评估指标。

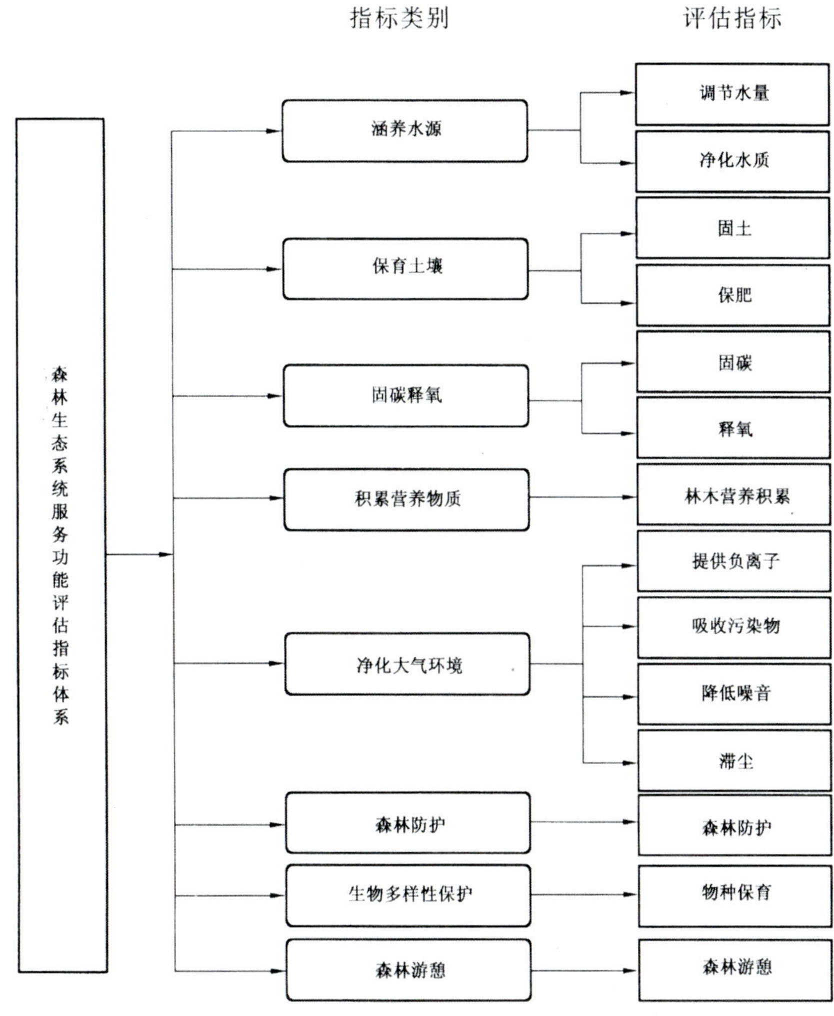

图 1　森林生态系统服务功能评估指标体系

5　评估公式

森林生态系统服务功能实物量评估公式见表 1，森林生态系统服务功能价值量评估公式见表 2，数据汇总表详见表 3～表 11，森林生态系统服务功能评估社会公共数据表(推荐使用价格)见表 12。

表 1　森林生态系统服务功能实物量评估公式及参数设置

功能类别	指标		计算公式和参数说明
涵养水源	调节水量		$G_{调} = 10A(P-E-C)$ $G_{调}$ 为林分调节水量功能，单位：$m^3 \cdot a^{-1}$；A 为林分面积，单位：hm^2；P 为降水量，单位：$mm \cdot a^{-1}$；E 为林分蒸散量，单位：$mm \cdot a^{-1}$；C 为地表径流量，单位：$mm \cdot a^{-1}$。
保育土壤	固土		$G_{固土} = A(X_2 - X_1)$；$G_N = AN(X_2 - X_1)$；$G_P = AP(X_2 - X_1)$；$G_K = AK(X_2 - X_1)$ $G_{固土}$ 为林分年固土量，单位：$t \cdot a^{-1}$；A 为林分面积，单位：hm^2；X_2 为无林地土壤侵蚀模数，单位：$t \cdot hm^{-2} \cdot a^{-1}$；$X_1$ 为林地土壤侵蚀模数，单位：$t \cdot hm^{-2} \cdot a^{-1}$；$G_N$ 为减少的氮流失量，$t \cdot a^{-1}$；N 为土壤含氮量，%；G_P 为减少的磷流失量，$t \cdot a^{-1}$；P 为土壤含磷量，%；G_K 为减少的钾流失量：$t \cdot a^{-1}$；K 为土壤含钾量，%。
	保肥		
固碳释氧	固碳	植被固碳	$G_{植被固碳} = 1.63R_{碳}AB_{年}$ $G_{植被固碳}$ 为植被年固碳量，单位：$t \cdot a^{-1}$；$R_{碳}$ 为 CO_2 中碳的含量，为 27.27%；A 为林分面积，单位：hm^2；$B_{年}$ 为林分净生产力，单位：$t \cdot hm^{-2} \cdot a^{-1}$。
		土壤固碳	$G_{土壤固碳} = AF_{土壤}$ $G_{土壤固碳}$ 为土壤年固碳量，单位：$t \cdot a^{-1}$；A 为林分面积，单位：hm^2；$F_{土壤}$ 为单位面积林分土壤的固碳量，单位：$t \cdot hm^{-2} \cdot a^{-1}$。
	释氧		$G_{氧气} = 1.19AB_{年}$ $G_{氧气}$ 为林分年释氧量，单位：$t \cdot a^{-1}$；A 为林分面积，单位：hm^2；$B_{年}$ 为林分净生产力，单位：$t \cdot hm^{-2} \cdot a^{-1}$。
积累营养物质	林木营养积累	固氮量	$G_{氮} = AN_{营养}B_{年}$；$G_{磷} = AP_{营养}B_{年}$；$G_{钾} = AK_{营养}B_{年}$ $G_{氮}$ 为林分固氮量，单位：$t \cdot a^{-1}$；A 为林分面积，单位：hm^2；$N_{营养}$ 为林木氮元素含量，%；$B_{年}$ 为林分净生产力，单位：$t \cdot hm^{-2} \cdot a^{-1}$；$G_{磷}$ 为林分固磷量，单位：$t \cdot a^{-1}$；$P_{营养}$ 为林木磷元素含量，%；$G_{钾}$ 为林分固钾量，单位：$t \cdot a^{-1}$；$K_{营养}$ 为林木钾元素含量，%。
		固磷量	
		固钾量	
净化大气环境	生产负离子量		$G_{负离子} = 5.256 \times 10^{15} \times Q_{负离子}AH/L$ $G_{负离子}$ 为林分年提供负离子个数，单位：个$\cdot a^{-1}$；$Q_{负离子}$ 为林分负离子浓度，单位：个$\cdot cm^{-3}$；A 为林分面积，单位：hm^2；H 为林分高度，单位：m；L 为负离子寿命，单位：min。
	吸收污染物	吸收二氧化硫量	$G_{二氧化硫} = Q_{二氧化硫}A$ $G_{二氧化硫}$ 为林分年吸收二氧化硫量，单位：$t \cdot a^{-1}$；$Q_{二氧化硫}$ 为单位面积林分吸收二氧化硫量，单位：$kg \cdot hm^{-2} \cdot a^{-1}$；$A$ 为林分面积，单位：hm^2。
		吸收氟化物量	$G_{氟化物} = Q_{氟化物}A$ $G_{氟化物}$ 为林分年吸收氟化物量，单位：$t \cdot a^{-1}$；$Q_{氟化物}$ 为单位面积林分吸收氟化物量，单位：$kg \cdot hm^{-2} \cdot a^{-1}$；$A$ 为林分面积，单位：hm^2。
		吸收氮氧化物量	$G_{氮氧化物} = Q_{氮氧化物}A$ $G_{氮氧化物}$ 为林分年吸收氮氧化物量，单位：$t \cdot a^{-1}$；$Q_{氮氧化物}$ 为单位面积林分年吸收氮氧化物量，单位：$kg \cdot hm^{-2} \cdot a^{-1}$；$A$ 为林分面积，单位：hm^2。
		吸收重金属量	$G_{重金属} = Q_{重金属}A$ $G_{重金属}$ 为林分年吸收重金属量，单位：$t \cdot a^{-1}$；$Q_{重金属}$ 为单位面积林分年吸收重金属量，单位：$kg \cdot hm^{-2} \cdot a^{-1}$；$A$ 为林分面积，单位：hm^2。

表 1（续）

功能类别	指标	计算公式和参数说明
净化大气环境	降低噪音	林分降低噪音量由森林生态站直接测定，单位：dB。
	滞尘	$G_{滞尘} = Q_{滞尘} A$ $G_{滞尘}$ 为林分年滞尘量，单位：$t \cdot a^{-1}$；$Q_{滞尘}$ 为单位面积林分年滞尘量，单位：$kg \cdot hm^{-2} \cdot a^{-1}$；$A$ 为林分面积，单位：hm^2。
森林防护	森林防护	农田防护林森林防护的实物量可折算为农作物产量，单位：$t \cdot a^{-1}$；防风固沙林可折算为牧草产量，单位：$t \cdot a^{-1}$；海岸防护林可折算为其他实物量。

表 2 森林生态系统服务功能价值量评估公式及参数设置

功能类别	指标	计算公式和参数说明
涵养水源	调节水量 净化水质	$U_{调} = 10\, C_{库}\, A(P - E - C)$；$U_{水质} = 10\, KA(P - E - C)$ $U_{调}$ 为林分年调节水量价值，单位：元 $\cdot a^{-1}$；$C_{库}$ 为水库建设单位库容投资（占地拆迁补偿、工程造价、维护费用等等），单位：元 $\cdot m^{-3}$；A 为林分面积，单位：hm^2；P 为降水量，单位：$mm \cdot a^{-1}$；E 为林分蒸散量，单位：$mm \cdot a^{-1}$；C 为地表径流量，单位：$mm \cdot a^{-1}$；$U_{水质}$ 为林分年净化水质价值，单位：元 $\cdot a^{-1}$；K 为水的净化费用，单位：元 $\cdot t^{-1}$。
保育土壤	固土 保肥	$U_{固土} = AC_{土}(X_2 - X_1)/\rho$；$U_{肥} = A(X_2 - X_1)(NC_1/R_1 + PC_1/R_2 + KC_2/R_3 + MC_3)$ $U_{固土}$ 为林分年固土价值，单位：元 $\cdot a^{-1}$；A 为林分面积，单位：hm^2；$C_{土}$ 为挖取和运输单位体积土方所需费用，元 $\cdot m^{-3}$；X_2 为无林地土壤侵蚀模数，单位：$t \cdot hm^{-2} \cdot a^{-1}$；$X_1$ 为林地土壤侵蚀模数，单位：$t \cdot hm^{-2} \cdot a^{-1}$；$\rho$ 为林地土壤容重，单位：$t \cdot m^{-3}$；$U_{肥}$ 为林分年保肥价值，单位：元 $\cdot a^{-1}$；N 为林分土壤平均含氮量，%；C_1 为磷酸二铵化肥价格，单位：元 $\cdot t^{-1}$；R_1 为磷酸二铵化肥含氮量，%；P 为林分土壤平均含磷量，%；R_2 为磷酸二铵化肥含磷量，%；K 为林分土壤平均含钾量，%；C_2 为氯化钾化肥价格，单位：元 $\cdot t^{-1}$；R_3 为氯化钾化肥含钾量，%；M 为林分土壤有机质含量，%；C_3 为有机质价格，单位：元 $\cdot t^{-1}$。
固碳释氧	固碳	$U_{碳} = AC_{碳}(1.63R_{碳}\, B_{年} + F_{土壤碳})$ $U_{碳}$ 为林分年固碳价值，单位：元 $\cdot a^{-1}$；A 为林分面积，单位：hm^2；$C_{碳}$ 为固碳价格，单位：元 $\cdot t^{-1}$；$R_{碳}$ 为 CO_2 中碳的含量，为 27.27%；$B_{年}$ 为林分净生产力，单位：$t \cdot hm^{-2} \cdot a^{-1}$；$F_{土壤碳}$ 为单位面积林分土壤年固碳量，单位：$t \cdot hm^{-2} \cdot a^{-1}$。
	释氧	$U_{氧} = 1.19\, C_{氧}\, AB_{年}$ $U_{氧}$ 为林分年释氧价值，单位：元 $\cdot a^{-1}$；$C_{氧}$ 为氧气价格，单位：元 $\cdot t^{-1}$；A 为林分面积，单位：hm^2；$B_{年}$ 为林分净生产力，单位：$t \cdot hm^{-2} \cdot a^{-1}$。
积累营养物质	林木营养积累	$U_{营养} = AB_{年}(N_{营养} C_1/R_1 + P_{营养} C_1/R_2 + K_{营养} C_2/R_3)$ $U_{营养}$ 为林分年营养物质积累价值，单位：元 $\cdot a^{-1}$；A 为林分面积，单位：hm^2；$B_{年}$ 为林分净生产力，单位：$t \cdot hm^{-2} \cdot a^{-1}$；$N_{营养}$ 为林木含氮量，%；C_1 为磷酸二铵化肥价格，单位：元 $\cdot t^{-1}$；R_1 为磷酸二铵化肥含氮量，%；$P_{营养}$ 为林木含磷量，%；R_2 为磷酸二铵化肥含磷量，%；$K_{营养}$ 为林木含钾量，%；C_2 为氯化钾化肥价格，单位：元 $\cdot t^{-1}$；R_3 为氯化钾化肥含钾量，%。

表 2（续）

功能类别	指标	计算公式和参数说明
净化大气环境	提供负离子	$U_{负离子} = 5.256\times10^{15}\times AHK_{负离子}(Q_{负离子}-600)/L$；$U_{二氧化硫} = K_{二氧化硫}Q_{二氧化硫}A$；$U_{氟} = K_{氟化物}Q_{氟化物}A$；$U_{氮氧化物} = K_{氮氧化物}Q_{氮氧化物}A$； $U_{重金属} = K_{重金属}Q_{重金属}A$；$U_{噪音} = K_{噪音}A_{噪音}$；$U_{滞尘} = K_{滞尘}Q_{滞尘}A$ $U_{负离子}$ 为林分年提供负离子价值，单位：元 · a^{-1}；A 为林分面积，单位：hm^2；H 为林分高度，单位：m；$K_{负离子}$ 为负离子生产费用，单位：元 · 个$^{-1}$；$Q_{负离子}$ 为林分负离子浓度，单位：个 · cm^{-3}；L 为负离子寿命，单位：min；$U_{二氧化硫}$ 为林分年吸收二氧化硫价值，单位：元 · a^{-1}；$K_{二氧化硫}$ 为二氧化硫治理费用，单位：元 · kg^{-1}；$Q_{二氧化硫}$ 为单位面积林分年吸收二氧化硫量，单位：kg · hm^{-2} · a^{-1}；$U_{氟}$ 为林分年吸收氟化物价值，单位：元 · a^{-1}；$K_{氟化物}$ 为氟化物治理费用，单位：元 · kg^{-1}；$Q_{氟化物}$ 为单位面积林分年吸收氟化物量：单位：kg · hm^{-2} · a^{-1}；$U_{氮氧化物}$ 为年吸收氮氧化物总价值，单位：元 · a^{-1}；$K_{氮氧化物}$ 为氮氧化物治理费用，单位：元 · kg^{-1}；$Q_{氮氧化物}$ 为单位面积林分年吸收氮氧化物量，单位：kg · hm^{-2} · a^{-1}；$U_{重金属}$ 为林分年吸收重金属价值，单位：元 · a^{-1}；$K_{重金属}$ 为重金属污染治理费用，单位：元 · kg^{-1}；$Q_{重金属}$ 为单位面积林分年吸收重金属量，单位：kg · hm^{-2} · a^{-1}；$U_{噪音}$ 为林分年降低噪音价值，单位：元 · a^{-1}；$K_{噪音}$ 为降低噪音费用，单位：元 · km^{-1}；$A_{噪音}$ 为森林面积折合为隔音墙的公里数，单位：km；$U_{滞尘}$ 为林分年滞尘价值，单位：元 · a^{-1}；$K_{滞尘}$ 为降尘清理费用，单位：元 · kg^{-1}；$Q_{滞尘}$ 为单位面积林分年滞尘量，单位：kg · hm^{-2} · a^{-1}。
	吸收污染物	
	降低噪音	
	滞尘	
森林防护	森林防护	$U_{防护} = AQ_{防护}C_{防护}$ $U_{防护}$ 为森林防护价值，单位：元 · kg^{-1}；A 为林分面积，单位：hm^2；$Q_{防护}$ 为由于农田防护林、防风固沙林等森林存在增加的单位面积农作物、牧草等年产量，单位：kg · hm^{-2} · a^{-1}；$C_{防护}$ 为农作物、牧草等价格，单位：元 · kg^{-1}。
生物多样性保护	物种保育[a]	$U_{生物} = S_{生}A$ $U_{生物}$ 为林分年物种保育价值，单位：元 · a^{-1}；$S_{生}$ 为单位面积年物种损失的机会成本，单位：元 · hm^{-2} · a^{-1}；A 为林分面积，单位：hm^2。
森林游憩	森林游憩	森林生态系统为人类提供休闲和娱乐场所而产生的价值，包括直接价值和间接价值。

[a] 本标准根据 Shannon-Wiener 指数计算物种保育价值，共划分为 7 级：当指数＜1 时，$S_{生}$ 为 3 000 元 · hm^{-2} · a^{-1}；当 1≤指数＜2 时，$S_{生}$ 为 5 000 元 · hm^{-2} · a^{-1}；当 2≤指数＜3 时，$S_{生}$ 为 10 000 元 · hm^{-2} · a^{-1}；当 3≤指数＜4 时，$S_{生}$ 为 20 000 元 · hm^{-2} · a^{-1}；当 4≤指数＜5 时，$S_{生}$ 为 30 000 元 · hm^{-2} · a^{-1}；当 5≤指数＜6 时，$S_{生}$ 为 40 000 元 · hm^{-2} · a^{-1}；当指数≥6 时，$S_{生}$ 为 50 000 元 · hm^{-2} · a^{-1}。

表 3　涵养水源功能评估数据汇总表

项目	单位	林分类型 1					林分类型 2					……	林分类型 n					汇总
		幼龄林	中龄林	近熟林	成熟林	过熟林	幼龄林	中龄林	近熟林	成熟林	过熟林		幼龄林	中龄林	近熟林	成熟林	过熟林	
林分面积	hm^2																	
年降水量	mm · a^{-1}																	
林分年蒸散量	mm · a^{-1}																	
年涵养水源量	m^3 · a^{-1}																	

表 3（续）

项目	单位	林分类型 1					林分类型 2					……	林分类型 n					汇总
		幼龄林	中龄林	近熟林	成熟林	过熟林	幼龄林	中龄林	近熟林	成熟林	过熟林		幼龄林	中龄林	近熟林	成熟林	过熟林	
林分调节水量价值	元·a^{-1}																	
林分净化水质价值	元·a^{-1}																	
涵养水源总价值	元·a^{-1}																	
单位面积涵养水源价值	元·a^{-1}																	

注：龄级根据国家林业局 2003 年发布的《国家森林资源连续清查主要技术规定》划分。

表 4　保育土壤功能评估数据汇总表

项目	单位	林分类型 1					林分类型 2					……	林分类型 n					汇总
		幼龄林	中龄林	近熟林	成熟林	过熟林	幼龄林	中龄林	近熟林	成熟林	过熟林		幼龄林	中龄林	近熟林	成熟林	过熟林	
林分面积	hm^2																	
林地土壤侵蚀模数	$t \cdot hm^{-2} \cdot a^{-1}$																	
无林地土壤侵蚀模数	$t \cdot hm^{-2} \cdot a^{-1}$																	
林地土壤容重	$t \cdot m^{-3}$																	
林地土壤含氮量	%																	
林地土壤含磷量	%																	
林地土壤含钾量	%																	
林地土壤有机质含量	%																	
林分年固土量	$t \cdot a^{-1}$																	
林分年固土价值	元·a^{-1}																	
林分年保持氮量	$t \cdot a^{-1}$																	
林分年保持磷量	$t \cdot a^{-1}$																	
林分年保持钾量	$t \cdot a^{-1}$																	
林分年保持有机质量	$t \cdot a^{-1}$																	
林分年保肥价值	元·a^{-1}																	
林分年保育土壤总价值	元·a^{-1}																	

表 5　固碳释氧功能评估数据汇总表

项目	单位	林分类型 1					林分类型 2					……	林分类型 n					汇总
		幼龄林	中龄林	近熟林	成熟林	过熟林	幼龄林	中龄林	近熟林	成熟林	过熟林		幼龄林	中龄林	近熟林	成熟林	过熟林	
林分面积	hm^2																	
林分净生产力	$t \cdot hm^{-2} \cdot a^{-1}$																	
单位面积林分土壤年固碳量	$t \cdot hm^{-2} \cdot a^{-1}$																	
植被和土壤年固碳量	$t \cdot a^{-1}$																	
植被和土壤年固碳价值	元 $\cdot a^{-1}$																	
单位面积林分年释氧量	$t \cdot hm^{-2} \cdot a^{-1}$																	
林分年释氧量	$t \cdot a^{-1}$																	
林分年释氧价值	元 $\cdot a^{-1}$																	
林分年固碳释氧总价值	元 $\cdot a^{-1}$																	

表 6　积累营养物质功能评估数据汇总表

项目	单位	林分类型 1					林分类型 2					……	林分类型 n					汇总
		幼龄林	中龄林	近熟林	成熟林	过熟林	幼龄林	中龄林	近熟林	成熟林	过熟林		幼龄林	中龄林	近熟林	成熟林	过熟林	
林分面积	hm^2																	
林分净生产力	$t \cdot hm^{-2} \cdot a^{-1}$																	
林木含氮量	%																	
林木含磷量	%																	
林木含钾量	%																	
林分年增加氮量	$t \cdot a^{-1}$																	
林分年增加磷量	$t \cdot a^{-1}$																	
林分年增加钾量	$t \cdot a^{-1}$																	
积累营养物质总价值	元 $\cdot a^{-1}$																	

表 7 净化大气环境功能评估数据汇总表

项目	单位	林分类型 1					林分类型 2					……	林分类型 n					汇总
		幼龄林	中龄林	近熟林	成熟林	过熟林	幼龄林	中龄林	近熟林	成熟林	过熟林		幼龄林	中龄林	近熟林	成熟林	过熟林	
林分面积	hm^2																	
林分负离子量浓度	个·cm^{-3}																	
单位面积林分年吸收二氧化硫量	kg·hm^{-2}·a^{-1}																	
单位面积林分年吸收氟化物量	kg·hm^{-2}·a^{-1}																	
单位面积林分年吸收氮氧化物量	kg·hm^{-2}·a^{-1}																	
单位面积林分年吸收重金属量	kg·hm^{-2}·a^{-1}																	
单位面积林分年滞尘量	kg·hm^{-2}·a^{-1}																	
林分降低噪音量	dB																	
林分年提供负离子数	个·a^{-1}																	
林分年提供负离子价值	元·a^{-1}																	
林分年吸收二氧化硫量	kg·a^{-1}																	
林分年吸收二氧化硫总价值	元·a^{-1}																	
林分年吸收氟化物量	kg·a^{-1}																	
林分年吸收氟化物价值	元·a^{-1}																	
林分年吸收氮氧化物量	kg·a^{-1}																	
林分年吸收氮氧化物价值	元·a^{-1}																	
林分年吸收重金属量	kg·a^{-1}																	
林分年吸收重金属价值	元·a^{-1}																	
林分年降低噪音价值	元·a^{-1}																	
林分年滞尘量	kg·a^{-1}																	
林分年滞尘价值	元·a^{-1}																	
林分净化大气环境总价值	元·a^{-1}																	

表 8　森林防护功能评估数据汇总表

项目	单位	林分类型 1					林分类型 2					……	林分类型 n					汇总
		幼龄林	中龄林	近熟林	成熟林	过熟林	幼龄林	中龄林	近熟林	成熟林	过熟林		幼龄林	中龄林	近熟林	成熟林	过熟林	
林分面积	hm^2																	
年增加的农作物、牧草等单位面积产量	$kg \cdot hm^{-2} \cdot a^{-1}$																	
农作物、牧草等价格	元 $\cdot kg^{-1}$																	
森林防护功能	$t \cdot a^{-1}$等																	
森林防护价值	元 $\cdot a^{-1}$																	

表 9　生物多样性保护功能评估数据汇总表

项目	单位	林分类型 1					林分类型 2					……	林分类型 n					汇总
		幼龄林	中龄林	近熟林	成熟林	过熟林	幼龄林	中龄林	近熟林	成熟林	过熟林		幼龄林	中龄林	近熟林	成熟林	过熟林	
面积	hm^2																	
Shannon-Wiener 多样性指数																		
单位面积物种年保育价值	元 $\cdot hm^{-2} \cdot a^{-1}$																	
物种保育年总价值	元 $\cdot a^{-1}$																	

表 10　森林游憩功能评估数据汇总表

项目	单位	1	2	……	n	汇总
森林公园和自然保护区名称						
年旅游总收入	元 $\cdot a^{-1}$					
森林游憩总价值	元 $\cdot a^{-1}$					

表 11　森林生态系统服务功能评估汇总表

项目			林分类型 1	林分类型 2	……	林分类型 n	汇总
涵养水源	调节水量	功能/$m^3 \cdot a^{-1}$					
		价值/元 · a^{-1}					
	净化水质	功能/$m^3 \cdot a^{-1}$					
		价值/元 · a^{-1}					
	价值合计/元 · a^{-1}						
保育土壤	固土	功能/$t \cdot a^{-1}$					
		价值/元 · a^{-1}					
	保肥	保持氮量/$t \cdot a^{-1}$					
		保持磷量/$t \cdot a^{-1}$					
		保持钾量/$t \cdot a^{-1}$					
		保持有机质量/$t \cdot a^{-1}$					
		价值/元 · a^{-1}					
	价值合计/元 · a^{-1}						
固碳释氧	固碳	功能/$t \cdot a^{-1}$					
		价值/元 · a^{-1}					
	释氧	功能/$t \cdot a^{-1}$					
		价值/元 · a^{-1}					
	价值合计/元 · a^{-1}						
积累营养物质	林木营养积累	积累氮量/$t \cdot a^{-1}$					
		积累磷量/$t \cdot a^{-1}$					
		积累钾量/$t \cdot a^{-1}$					
		价值/元 · a^{-1}					

表 11（续）

项目			林分类型 1	林分类型 2	……	林分类型 n	汇总
净化大气环境	提供负氧离子	功能/个·a^{-1}					
		价值/元·a^{-1}					
	吸收污染物	功能/t·a^{-1}					
		价值/元·a^{-1}					
	降低噪音	功能/dB					
		价值/元·a^{-1}					
	滞尘	功能/t·a^{-1}					
		价值/元·a^{-1}					
	价值合计/元·a^{-1}						
森林防护	功能						
	价值/元·a^{-1}						
生物多样性保护	价值/元·a^{-1}						
森林游憩	价值/元·a^{-1}						
总价值/元·a^{-1}							
单位面积价值/元·hm^{-2}·a^{-1}							

表 12 森林生态系统服务功能评估社会公共数据表（推荐使用价格）

编号	名称	单位	数值	来源及依据
1	水库建设单位库容投资	元·t^{-1}	6.110 7	根据 1993 年～1999 年《中国水利年鉴》平均水库库容造价为 2.17 元·t^{-1}，2005 年价格指数为 2.816，即得到单位库容造价为 6.110 7 元·t^{-1}
2	水的净化费用	元·t^{-1}	2.09	采用网格法得到 2007 年全国各大中城市的居民用水价格的平均值，为 2.09 元·t^{-1}
3	挖取单位面积土方费用	元·m^{-3}	12.6	根据 2002 年黄河水利出版社出版的《中华人民共和国水利部水利建筑工程预算定额》（上册）中人工挖土方Ⅰ和Ⅱ土类每 100 m^3 需 42 个工时，按每个人工 30 元·d^{-1}计算
4	磷酸二铵含氮量	%	14.0	化肥产品说明
5	磷酸二铵含磷量	%	15.01	化肥产品说明

表 12（续）

编号	名称	单位	数值	来源及依据
6	氯化钾含钾量	%	50.0	化肥产品说明
7	磷酸二铵化肥价格	元·t^{-1}	2 400	采用农业部中国农业信息网(http://www.agri.gov.cn)2007 年春季平均价格
8	氯化钾化肥价格	元·t^{-1}	2 200	
9	有机质价格	元·t^{-1}	320	
10	固碳价格	元·t^{-1}	1 200	采用瑞典的碳税率 150 美元·t^{-1}（折合人民币 1 200 元·t^{-1}）
11	制造氧气价格	元·t^{-1}	1 000	采用中华人民共和国卫生部网站(http://www.moh.gov.cn)中 2007 年春季氧气平均价格
12	负离子生产费用	元·10^{-18}个$^{-1}$	5.818 5	根据台州科利达电子有限公司生产的适用范围 30 m^2（房间高 3 m）、功率为 6 W、负离子浓度 1 000 000个·m^{-3}，使用寿命为 10 a，价格 65 元·个$^{-1}$的 KLD-2000 型负离子发生器而推断获得，其中负离子寿命为 10 min，电费为 0.4 元/(kW·h)
13	二氧化硫治理费用	元·kg^{-1}	1.20	采用中华人民共和国国家发展和改革委员会等四部委 2003 年第 31 号令《排污费征收标准及计算方法》中北京市高硫煤二氧化硫排污费收费标准，为 1.20 元·kg^{-1}；氟化物排污费收费标准为 0.69 元·kg^{-1}；氮氧化物排污费收费标准为 0.63 元·kg^{-1}；一般性粉尘排污费收费标准为 0.15 元·kg^{-1}；铅及其化合物排污费收费标准为 30.00 元·kg^{-1}；镉及化合物排污费收费标准为 20.00 元·kg^{-1}；镍及化合物排污费收费标准为 4.62 元·kg^{-1}；锡及化合物排污费收费标准为 2.22 元·kg^{-1}
14	氟化物治理费用	元·kg^{-1}	0.69	
15	氮氧化物治理费用	元·kg^{-1}	0.63	
16	铅及化合物污染治理费用	元·kg^{-1}	30.00	
17	镉及化合物污染治理费用	元·kg^{-1}	20.00	
18	镍及化合物污染治理费用	元·kg^{-1}	4.62	
19	锡及化合物污染治理费用	元·kg^{-1}	2.22	
20	降尘清理费用	元·kg^{-1}	0.15	
21	降低噪音费用	元·km^{-1}	400 000	按 100 元·m^{-2}的隔音墙（4 m 高）计算

参 考 文 献

[1] LY/T 1606—2003 森林生态系统定位观测指标体系

ICS 65.020.01
B 60

中华人民共和国林业行业标准

LY/T 1606—2003

森林生态系统定位观测指标体系

Indicators system for long-term observation of forest ecosystem

2003-08-14 发布　　　　　　　　　　2003-12-01 实施

国 家 林 业 局　发布

前 言

本标准由国家林业局提出并归口。

本标准负责起草单位:中国林业科学研究院森林生态环境与保护研究所。

本标准主要起草人:王兵、郭泉水、杨锋伟、蒋有绪、刘世荣、崔向慧。

本标准首次发布。

森林生态系统定位观测指标体系

1 范围

本标准规定了森林生态系统定位观测指标，即气象常规指标、森林土壤的理化指标、森林生态系统的健康与可持续发展指标、森林水文指标和森林的群落学特征指标。

本标准适用于全国范围内森林生态系统定位观测。

2 术语和定义

下列术语和定义适用于本标准。

2.1

森林生态系统 forest ecosystem

以乔木树种为主体的生物群落(包括动物、植物、微生物等)，具有随时间和空间不断进行能量交换、物质循环和能量传递的有生命及再生能力的功能单位。

2.2

地表温度 surface temperature

直接与土壤表面接触的温度表所示的温度，包括地表定时温度，地表最低温度，地表最高温度。

2.3

土壤温度 soil temperature

直接与地表以下土壤接触的温度表所示的温度，包括 10 cm、20 cm、30 cm、40 cm 等不同深度的土壤温度。

2.4

降水量 precipitation

从天空降落到地面上的液态或固态(经融化后)降水，未经蒸发、渗透、流失而在地面上积聚的水层深度。

2.5

降水强度 precipitation intensity

单位时间内的降水量。

2.6

蒸发量 evaporation

由于蒸发而损失的水量。

2.7

总辐射量 solar radiation

距地面一定高度水平面上的短波辐射总量。

2.8

净辐射量 net radiation

距地面一定高度的水平面上，太阳与大气向下发射的全辐射和地面向上发射的全辐射之差。

2.9

分光辐射 spectroradiometry radiation

人为的将太阳发出的短波辐射波长范围分成若干波段，其中的 1 个波段或几个波段的辐射分量称为分光辐射。

2.10

UVA、UVB ultraviolet A、ultraviolet B

紫外光谱的两种波段。其中 UVA:400 nm～320 nm,UVB:320 nm～290 nm。

2.11

日照时数 duration of sunshine

太阳在一地实际照射地面的时数。

2.12

冻土 permafrost

含有水分的土壤,因温度下降到 0℃或 0℃以下时而呈冻结的状态。

2.13

土壤容重 soil bulk density

单位容积烘干土的质量。

2.14

土壤孔隙度 soil porosity

单位容积土壤中空隙所占的百分率。孔径小于 0.1 mm 的称为毛管孔隙,孔径大于 0.1 mm 的称为非毛管孔隙。

2.15

土壤阳离子交换量 cation exchange capacity of soil

土壤胶体所能吸附的各种阳离子的总量。

2.16

土壤交换性盐基总量 ion exchange capacity of soil

土壤吸收复合体吸附的碱金属和碱金属离子(K^+,Na^+,Ca^+,Mg^+)的总和。

2.17

穿透水 throughfall

林外雨量(又称林地总降水量)扣除树冠截留量和树干径流量两者之后的雨量。

2.18

树干径流量 amount of stemflow

降落到森林中的雨滴,其中一部分从叶转移到枝,从枝转移到树干而流到林地地面,这部分雨量称为树干径流量。

2.19

地表径流量 surface runoff

降落于地面的雨水或融雪水,经填洼、下渗、蒸发等损失后,在坡面上和河槽中流动的水量。

2.20

森林蒸散量 evapotranspiration of forest

森林植被蒸腾和林冠下土壤蒸发之和。

2.21

群落的天然更新 natural regeneration of community

通过天然下种或伐根萌芽、根系萌蘖、地下茎萌芽(如竹林)等形成新林的过程。

2.22

森林枯枝落叶层 forest floor

森林植被下矿质土壤表面形成的有机物质层,又称死地被物层。

2.23

森林生物量 forest biomass

森林单位面积上长期积累的全部活有机体的总量。

2.24

叶面积指数 leaf area index(LAI)

一定土地面积上植物叶面积总和与土地面积之比。

3 指标体系

3.1 气象常规指标

各类观测指标见表1。

表1 气象常规指标

指标类别	观测指标	单位	观测频度
天气现象	云量、风、雨、雪、雷电、沙尘		每日1次
	气压	Pa	每日1次
风[a]	作用在森林表面的风速	m/s	连续观测或每日3次
	作用在森林表面的风向(E,S,W,N,SE,NE,SW,NW)		连续观测或每日3次
空气温度[b]	最低温度	℃	每日1次
	最高温度	℃	每日1次
	定时温度	℃	每日1次
地表面和不同深度土壤的温度	地表定时温度	℃	连续观测或每日3次
	地表最低温度	℃	连续观测或每日3次
	地表最高温度	℃	连续观测或每日3次
	10 cm深度地温	℃	连续观测或每日3次
	20 cm深度地温	℃	连续观测或每日3次
	30 cm深度地温	℃	连续观测或每日3次
	40 cm深度地温	℃	连续观测或每日3次
空气湿度[b]	相对湿度	%	连续观测或每日3次
辐射[b]	总辐射量	J/m^2	每小时1次
	净辐射量	J/m^2	每小时1次
	分光辐射	J/m^2	每小时1次
	日照时数	h	连续观测或每日1次
	UVA/UVB辐射量	J/m^2	每小时1次
冻土	深度	cm	每日1次
大气降水[c]	降水总量	mm	连续观测或每日3次
	降水强度	mm/h	连续观测或每日3次
水面蒸发	蒸发量	mm	每日1次

[a] 风速和风向测定,应在冠层上方3 m处进行。

[b] 湿度、温度、辐射等测定,应在冠层上方3 m处、冠层中部、冠层下方1.5 m处、地被物层等4个空间层次上进行。

[c] 雨量器和蒸发器器口应距离地面高度70 cm。

3.2 森林土壤的理化指标

各类观测指标见表2。

表 2 森林土壤的理化指标

指标类别	观测指标	单位	观测频度
森林枯落物	厚度	mm	每年1次
土壤物理性质	土壤颗粒组成	%	每5年1次
	土壤容重	g/cm^3	每5年1次
	土壤总孔隙度毛管孔隙及非毛管孔隙	%	每5年1次
土壤化学性质	土壤pH值		每年1次
	土壤阳离子交换量	cmol/kg	每5年1次
	土壤交换性钙和镁(盐碱土)	cmol/kg	每5年1次
	土壤交换性钾和钠	cmol/kg	每5年1次
	土壤交换性酸量(酸性土)	cmol/kg	每5年1次
	土壤交换性盐基总量	cmol/kg	每5年1次
	土壤碳酸盐量(盐碱土)	cmol/kg	每5年1次
	土壤有机质	%	每5年1次
	土壤水溶性盐分(盐碱土中的全盐量,碳酸根和重碳酸根,硫酸根,氯根,钙离子,镁离子,钾离子,钠离子)	%,mg/kg	每5年1次
	土壤全氮 水解氮 亚硝态氮	% mg/kg mg/kg	每5年1次
	土壤全磷 有效磷	% mg/kg	每5年1次
	土壤全钾 速效钾 缓效钾	% mg/kg mg/kg	每5年1次
	土壤全镁 有效态镁	% mg/kg	每5年1次
	土壤全钙 有效钙	% mg/kg	每5年1次
	土壤全硫 有效硫	% mg/kg	每5年1次
	土壤全硼 有效硼	% mg/kg	每5年1次
	土壤全锌 有效锌	% mg/kg	每5年1次
	土壤全锰 有效锰	% mg/kg	每5年1次
	土壤全钼 有效钼	% mg/kg	每5年1次
	土壤全铜 有效铜	% mg/kg	每5年1次

3.3 森林生态系统的健康与可持续发展指标

各类观测指标见表 3。

表 3 森林生态系统的健康与可持续发展指标

指标类别	观测指标	单位	观测频度
病虫害的发生与危害	有害昆虫与天敌的种类		每年 1 次
	受到有害昆虫危害的植株占总植株的百分率	%	每年 1 次
	有害昆虫的植株虫口密度和森林受害面积	个/hm^2,hm^2	每年 1 次
	植物受感染的菌类种类		每年 1 次
	受到菌类感染的植株占总植株的百分率	%	每年 1 次
病虫害的发生与危害	受到菌类感染的森林面积	hm^2	每年 1 次
水土资源的保持	林地土壤的侵蚀强度	级	每年 1 次
	林地土壤侵蚀模数	t/(km^2 · a)	每年 1 次
污染对森林的影响	对森林造成危害的干、湿沉降组成成分		每年 1 次
	大气降水的酸度,即 pH 值		每年 1 次
	林木受污染物危害的程度		每年 1 次
与森林有关的灾害的发生情况	森林流域每年发生洪水、泥石流的次数和危害程度以及森林发生其他灾害的时间和程度,包括冻害、风害、干旱、火灾等		每年 1 次
生物多样性	国家或地方保护动植物的种类、数量		每 5 年 1 次
	地方特有物种的种类、数量		每 5 年 1 次
	动植物编目、数量		每 5 年 1 次
	多样性指数		每 5 年 1 次

3.4 森林水文指标

各类观测指标见表 4。

表 4 森林水文指标

指标类别	观测指标	单位	观测频度
水量	林内降水量	mm	连续观测
	林内降水强度	mm/h	连续观测
	穿透水	mm	每次降水时观测
	树干径流量	mm	每次降水时观测
	地表径流量	mm	连续观测
	地下水位	m	每月 1 次
	枯枝落叶层含水量	mm	每月 1 次
	森林蒸散量[a]	mm	每月 1 次或每个生长季 1 次

表 4（续）

指标类别	观测指标	单位	观测频度
水质[b]	pH值，钙离子，镁离子，钾离子，钠离子，碳酸根，碳酸氢根，氯根，硫酸根，总磷，硝酸根，总氮	除pH值以外，其他均为 mg/dm^3 或 $\mu g/dm^3$	每月1次
	微量元素（B，Mn，Mo，Zn，Fe，Cu），重金属元素（Cd，Pb，Ni，Cr，Se，As，Ti）	mg/m^3 或 mg/dm^3	有本底值以后，每5年1次，特殊情况需增加观测频度。

a 测定森林蒸散量，应采用水量平衡法和能量平衡-波文比法。

b 水质样品应从大气降水、穿透水、树干径流、土壤渗透水、地表径流和地下水中获取。

3.5 森林的群落学特征指标

各类观测指标见表5。

表5 森林的群落学特征指标

指标类别	观测指标	单位	观测频度
森林群落结构	森林群落的年龄	a	每5年1次
	森林群落的起源		每5年1次
	森林群落的平均树高	m	每5年1次
	森林群落的平均胸径	cm	每5年1次
	森林群落的密度	株/hm^2	每5年1次
	森林群落的树种组成		每5年1次
	森林群落的动植物种类数量		每5年1次
	森林群落的郁闭度		每5年1次
	森林群落主林层的叶面积指数		每5年1次
	林下植被（亚乔木、灌木、草本）平均高	m	每5年1次
	林下植被总盖度	%	每5年1次
森林群落乔木层生物量和林木生长量	树高年生长量	m	每5年1次
	胸径年生长量	cm	每5年1次
	乔木层各器官（干、枝、叶、果、花、根）的生物量	kg/hm^2	每5年1次
	灌木层、草本层地上和地下部分生物量	kg/hm^2	每5年1次
森林凋落物量	林地当年凋落物量	kg/hm^2	每5年1次
森林群落的养分	C，N，P，K，Fe，Mn，Cu，Ca，Mg，Cd，Pb	kg/hm^2	每5年1次
群落的天然更新	包括树种、密度、数量和苗高等	株/hm^2，株，cm	每5年1次

后 记

近年来，在国家林业局党组的关怀和指导下，我们积极筹备森林生态系统服务功能评估工作，组织广大林业野外科技工作者，依托森林生态系统定位研究站以及辅助观测点，对森林的生态服务功能进行长期定位观测和研究，为系统开展森林生态服务功能评估奠定了坚实基础。

在首次公布全国森林生态服务功能年价值量后，国家林业局贾治邦局长对继续做好全国森林生态服务功能的宣传和应用作出了重要指示。为了让大家更加全面地了解我国森林生态系统服务功能的基本情况，我们编印了本评估报告，把全部研究成果予以发布。

需要说明的是，森林生态系统是非常复杂的，由于研究方法、评估手段等不同，其生态服务功能的评估结果会有很大的差异性。①数据来源：本报告中采用的森林资源数据为国家林业局森林资源管理司提供的第七次全国森林资源清查Ⅰ类数据(2004～2008)，未使用各省森林资源清查Ⅱ类数据；生态功能参数来自各森林生态站按照附件2积累的长期观测与研究成果。②指标体系：本报告依据附件1，选取涵养水源、保育土壤、固碳释氧、营养物质积累、净化大气环境和生物多样性保护等6大功能11项指标进行评估，未计算森林防护、节能减排等指标。③评估对象：本报告只对中国森林的生态服务功能进行了评估，未涉及湿地等其他对象。

本报告是集体劳动的成果。在国家林业局领导的直接领导下，国家林业局科技司管辖的中国森林生态系统定位研究网络(CFERN)牵头具体研究、编写，国家林业局资源司、中国林业科学研究院等相关专家参加了这项工作，提供了大力支持，在此表示感谢。

下一步，我们将紧扣林业发展最新形势，强化科技创新，继续完善优化森林生态服务功能评估方法和指标体系，深入开展森林生态服务功能评估，更好地为国家宏观决策服务。

著 者

2009年12月